· 彩色图文精装版 ·

高端饮食养生

—— 王志福◎著 ——

中央编译出版社
CCTP CENTRAL COMPILATION & TRANSLATION PRESS

图书在版编目（CIP）数据

高端饮食养生/王志福著．—北京 ：中央编译出版社，2011.6
ISBN 978-7-5117-0890-8

Ⅰ.①高… Ⅱ.①王… Ⅲ.①菜谱②食物养生 Ⅳ.①TS972.12②R247.1

中国版本图书馆CIP数据核字(2011)第102854号

高端饮食养生

出 版 人：和　龑
策划编辑：冯　章
责任编辑：冯　章
特约策划：董保军　　张天罡
特约编辑：蔡荣建
版式设计：姜晓宁
出版发行：中央编译出版社
地　　址：北京西单西斜街36号 (100032)
电　　话：（010）66509360（总编室）　　（010）66509366（编辑部）
　　　　　（010）66509364（发行部）　　（010）66509618（读者服务部）
网　　址：http://www.cctpbook.com
经　　销：全国新华书店
印　　刷：山东人民印刷厂泰安厂
开本尺寸：185×260毫米　1/16
字　　数：100千字　　图138幅
印　　张：11.5
版　　次：2011年9月第1版第1次印刷
定　　价：58.00元

本社常年法律顾问：北京大成律师事务所首席顾问律师　　鲁哈达

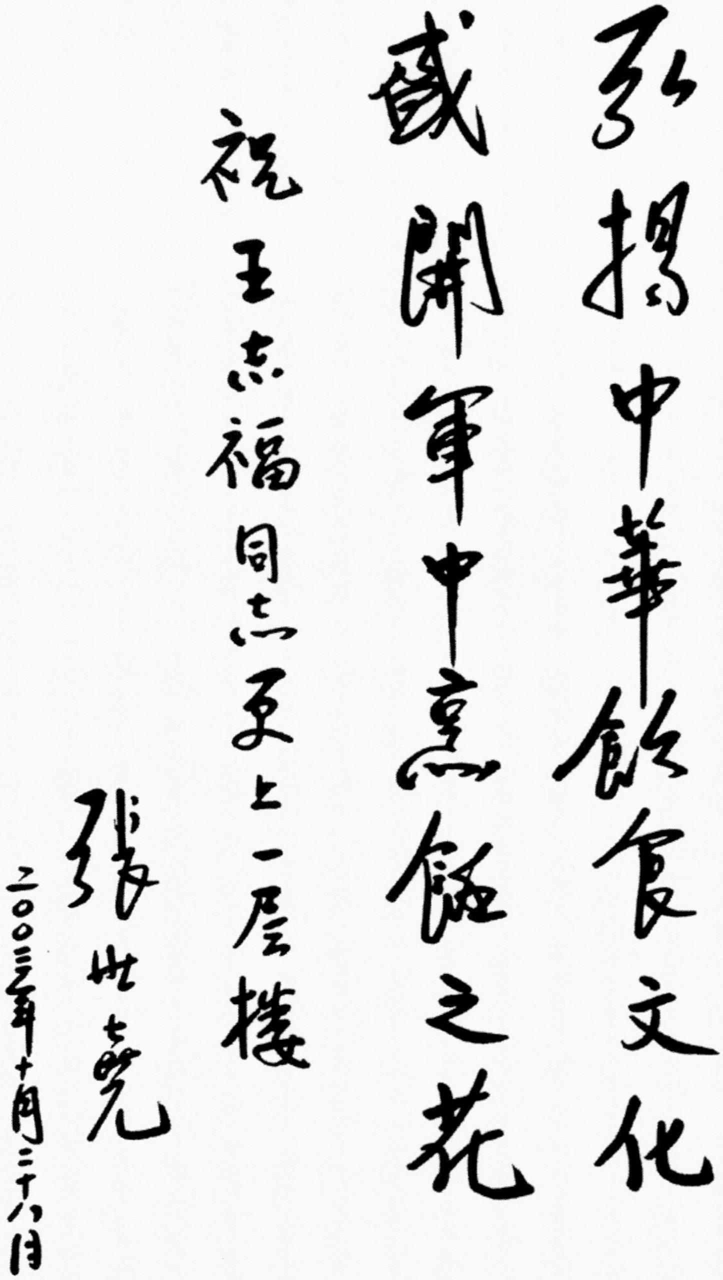

弘揚中華飲食文化

盛開軍中烹飪之花

祝王志福同志更上一層樓

張世堯

二〇〇三年十月三十八日

原商务部副部长，世界中国烹饪联合会会长张世尧为王志福题词

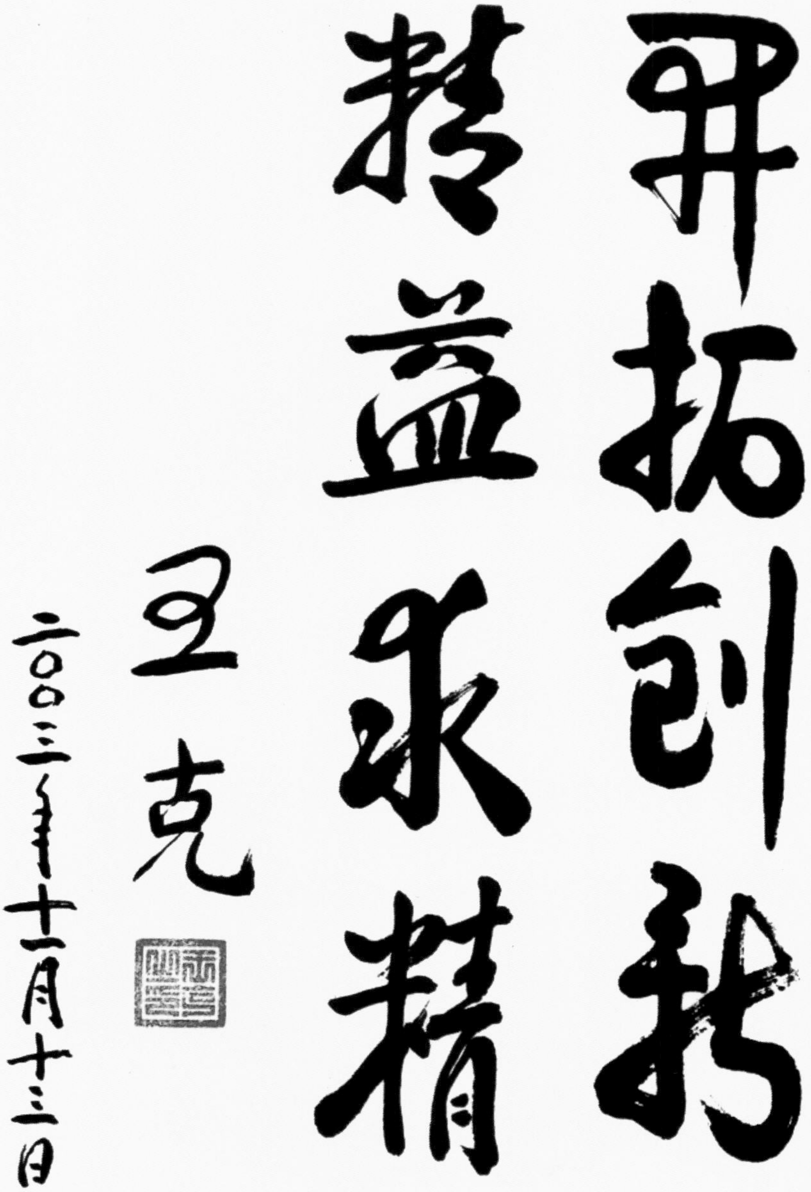

开拓创新
精益求精

王克

二〇二三年十月十三日

原中央军委委员、总后勤部部长王克上将为王志福题词

率营璀璨明珠

京都烹饪大师

郭献瑞题

原北京市副市长，北京市烹饪协会会长郭献瑞为王志福题词

左起：中国中医科学院广安门医院院长王阶，国家卫生部副部长、中医药管理局局长王国强，中国中医科学院广安门医院营养科主任王宜，副书记兼秘书长吴玉良，同王志福合影

王志福与著名曲艺家姜昆合影

积学储宝
藏虚守道

志福仁弟惠存
壬午之秋阎锐敏书

炎黄书法家协会会长阎锐敏为王志福题词

王志福在2000年3月于日本东京荣获第三届世界中餐烹饪大赛金奖后，同原商业部部长、世界中餐烹饪联合会会长姜习（左二），原商务部副部长，世界烹饪协会会长，张世尧（右一）及原中国烹饪协会顾问林则普（左一）合影

中央军委委员，总后勤部部长廖锡龙上将（前排中间）及其他首长接见总后士官人才"三优标兵"合影留念，后排左一为王志福

思索中的王志福

王志福同师父赵国忠合影

2007年3月在河南饭店学习期间王志福（左二）与豫菜师父吕长海（左三）合影

2007年7月在北京马克西姆餐厅学习期间王志福（右一）、单春卫（右二）与法国烹饪大师阿兰·勒墨尔（左二）、李立升（左一）合影

序一　京都烹饪巨匠

　　王志福现任中央某机关厨师长，国家高级烹调技师、北京市烹饪大师、中国药膳名师、中国烹饪名师。国家一级评委、国家一级考评员。该同志在国际、全国性烹饪大赛中，先后获得10块金牌，6块银牌，曾荣获中国最受瞩目的十大杰出青年厨师、青年烹饪艺术家、全国优秀厨师、中华金厨奖、河南省技术能手、五一劳动奖章、全军优秀士官、全军自学成才标兵、首届总后勤部"十大杰出青年，自学成才标兵"、在部队工作期间曾荣立二等功、三等功各一次。

　　王志福1994年从原籍入伍到部队后，就从事基层连队炊事员工作，以"干好烹饪工作，同样是报效祖国"为人生追求，苦练烹饪技艺，砥砺高尚厨德，执著进取，矢志不谕。入伍后不久被北京国际饭店冷拼食雕大师赵国忠接收为入室弟子。先后得到峨嵋酒家大师伍钰盛、晋阳饭店大师金永泉、丰泽园饭店大师王义均、钓鱼台大师侯瑞轩、河南大厦的副总经理吕长海、人民大会堂行政副总厨刘章利、全聚德集团行政总厨王府井烤鸭店副总经理杨学智、北京大董集团的董事长董振祥、广州酒店的总经理黄振华、上海锦江大酒店副总经理严惠琴、北京服务管理学校主任原料专家李桂兰教授、世界美食药膳协会秘书长张文彦教授、北京中医院的高忠英教授、北京鼓楼医院院长名医馆馆长陈文伯教授等指教。

　　他擅长川、鲁、粤、淮扬等菜系及日本料理和法式大餐的制作，曾荣获第二届东方美食国际大赛热菜和冷拼金奖；第二届中国药膳烹饪大赛热菜、冷拼和面点金奖；河南省第三届烹饪大赛冷拼和理论总成绩第一名；北京市第三届烹饪大赛热菜金奖、冷拼和雕刻银奖；第四届全国烹饪大赛热菜和冷拼银奖；第五届全国烹饪大赛热菜金奖及赛区第一名；日本东京第三届世界中餐烹饪大赛热菜水产类金奖。

　　王大师重视理论学习，刻苦钻研烹饪理论，注重理论与实际相结合，曾多次在军队及地方烹饪机构讲授专业课，培养了约600名厨师，亲自带教的部分学生已成为国际、国内名厨。其中军委办公厅的葛建明获军办比赛热菜和刀功第一名；北大的韩青山获北京跨世纪比赛热菜第一名；中纪委的卫明和李文军各获09年味道江湖比赛热菜特金奖；总后京丰宾馆焦胜利获中直机关比赛热菜第二名；总后京友饭店谢子衡获第六届全国热菜金奖；总后军需招待所陈美霞获第六届冷拼金奖；总后青塔招待所周斌获第六届全国比赛热菜金奖、程振佑获银奖；总参装备部王海滨获第五届全国比赛热菜金奖、全国优秀厨师；监察部的宁帅获第五届全国比赛热菜和冷拼金奖，并获全国最佳厨师称号……

　　作者曾多次在《解放军报》、《中国食品报》、《中原饮食文化》、《时代烹饪》、《东方美食》、《中国烹饪》等报刊、杂志发表学术论文。2004年，应邀在中央电视台"360行，行行出状元"栏目组表演过刀功。为继承发扬中国传统饮食文化及探寻科学养生，刻苦钻研中医理论，根据阴阳平衡、五行相生相克和温凉寒热的理论，结合当今人们的饮食习惯和中医食补原理，以味为核心，以养为目的，合理调配，精心制作，体现健康饮食，追求食材自然美味，达到悦目、益口、健体的效果。

　　王志福的获奖作品：1. 和平鸽（雕刻）；2. 什锦宝塔；3. 团凤（冷拼）；4. 绣球鱼丝；5. 富贵龙虾；6. 翡翠金钱鱼；7. 金鱼戏财宝；8. 菊花玉蟾；9. 凤吞燕；10. 松茸汤葫芦鸭；11. 芝麻叶炖鱼翅等；12. 浓汤扒裙边；13. 红花汁鹿唇……

序二　军中美食奇葩

　　这本《高端饮食养生》的作者，原是总后军需物资油料战线的一名炊事兵。作为一名炒大锅的炊事兵，能够扎实立足平凡的炊事兵岗位，创作出这样一部不平凡的作品，实在难能可贵，令人欣慰。

　　王志福同志在军营服役十二年，以干好炊事员工作，同样是报效祖国，为人生追求，以成为新时代的烹饪大师为奋斗目标，苦练烹饪技术，取得了不平凡的成绩。在炒大锅菜期间，先后在北京、全国、世界烹饪大赛中，荣获金奖，为军队赢得了荣誉，荣立三等功、二等功各一次，被评为总后勤部首届学习成才标兵、总后"三优"技术标兵、全军自学成才二等奖等荣誉。《解放军报》人物春秋详细报道了他的先进事迹。

　　王志福同志取得这样的成绩，是多年如一日，执著追求、勤奋努力的结果。为了实现"做一名新时代的烹饪大师"的理想，他先后参加了人民大会堂厨师培训，北京服务管理学校的厨师培训，中国中医药膳培训。他有幸得到伍钰盛、金永泉、王义均、赵国忠、李桂兰、苑树棠、吕长海、董振祥、单春卫等前辈和师傅们的教导与指点，对提高他的技艺发挥了重要作用。

　　王志福2007年转业到地方为首长服务，他用普通的食材，扎实的技术，耐心、细心、主动、周到和个性化的服务理念，烹制出了色、香、味、型、养俱佳的菜肴，其中"养"是他烹饪的特点。他配制食材科学合理，四季饮食各有不同，原汁原味健康时尚，烹制食材返璞归真、紧跟时代发展是这本书的概括。他是我们军队的骄傲，展现了全军广大炊事兵的风采。愿全军炊事战线多出王志福这样的优秀战士，为"八一"军旗增光添彩。

　　　　空军副司令（原总后勤部军需物资油料部部长）

序三　中华养生大师

　　饮食与养生相结合，无疑是当今社会最热门的话题之一。一种现象的出现，必然是社会需求的反映。上世纪80年代，随着改革开放的逐步展开，我也曾去日本工作过几年。当时，除了日本的发达经济、环境整洁外，使我惊奇的还有：买米、面等主食不要粮票！现代年轻人对于计划经济时代已经没有体会，但对于经历过贫困、饥馑的人来讲，能随便买到粮食，吃饱肚子，是非常重要的事情。

　　人类能够主宰自身命运，是因为人本身具有智慧，还具有自我完善的潜动能。社会在发展，当我们能够满足生活的基本需要后，自然产生了更高的社会需求。从饮食方面讲：就是在追求美味的基础上，吃出健康，吃出人类应有的自然生命长度。中华文明数千年，创造出了灿烂的餐饮美食养生文化，但这些文化硕果在历史上多为皇室、达官贵人所享有，普通百姓十有八九在为果腹而奔波劳碌。当国泰民安、社会和谐时代来临后，作为餐饮工作者，有义务也有责任为全民族普通百姓的健康，提供更高层次的，集美食、养生为一体的佳肴美馔。

　　这本书的作者王志福是我早年的学生，从普通炊事员，成长为今天的名厨，其中蕴含着无数的艰辛求知过程。他勤奋钻研，尊师敬老，深受餐饮前辈的喜爱，其事迹早已被收入《北京当代名厨》大型画册中。本书的内容是他从厨经验的结晶总结，也体现了对未来餐饮发展方向的把握。"美"是这部书的特点，除了色、香、味、形的完美外，更重要的还有健康搭配、合理烹调之"美"。

　　社会和谐离不开百姓的安康。希望餐饮工作者、厨艺爱好者们能喜欢这本书，并从中悟出未来餐饮发展方向，共同努力，来创造大中华餐饮养生文化。

世界中华美食药膳研究会会长　张文彦

目 录

5. 富贵龙虾

原　料

　　主料： 澳龙1只、螃蟹6只；

　　配料： 马蹄、肥猪肉、曼可顿咸面包、黄瓜、腰果、菠萝；

　　调料： 葱姜胡椒水、蛋清、面粉、生粉水、葱姜末。

制　作

　　1．澳龙先放尿，去掉头和壳，取肉，然后让肉改刀，用葱姜胡椒水、盐、味精、蛋清、生粉上浆待用；

　　2．用钳子去掉螃蟹的蟹壳，取肉，留活动的那个蟹夹备用；

　　3．把蟹肉和马蹄、肥猪肉切成小米粒大小，同葱姜末、盐、葱姜胡椒水调匀，然后挤成拇指大小的蟹肉丸放在盘子里；

　　4．面包去边，然后片开，从一角切至另一角，再十字交叉从另一角切至完；

　　5．将蟹肉丸拿起，让蟹夹放一边，然后拍上面粉，放进搅匀的蛋清里蘸匀，然后放在面包的一边，用刀掀起，卷起来，露出蟹钳，粘匀面包粒即可；

　　6．锅里放宽油，放蟹钳炸至金黄色，捞出，装在围好黄瓜边的大鱼盘两边；

　　7．菠萝切成厚小片，锅里放油，三成半热放龙虾肉滑油倒出，控净油；

　　8．锅刷一下，放葱姜胡椒水、盐调好味，勾玻璃芡，放龙虾肉、菠萝，迅速翻几下锅，淋明油，装入盘中，龙虾头尾放在两边，龙虾壳放上即可。

特　点

　　蟹棒外酥里鲜嫩，刀工精细，龙虾肉滑嫩，有菠萝的清香。此菜成菜大气，华丽富贵，既显身份又有档次。此菜我给首长表演了很多次，均得到好评，就是有点复杂，太累人。

养　生

　　龙虾味甘性平，入脾、肝、肾经，具有补肾壮阳、健胃、滋阴的功效。

志福心得

　　1．用新鲜蟹肉做出来的蟹棒口感鲜嫩，面包一定要用咸的，甜面包容易炸上色。

　　2．面包要从角上切，滚时顺长滚，出来的蟹棒才是菱形的；

　　3．炒龙虾肉时，要刷一下锅，不让锅里有油，然后在炒虾肉后，淋明油，龙虾肉就是吃完，也不见油，并且虾肉还挺亮；

4. 用葱姜胡椒水炒龙虾肉代替汤，炒出来的味鲜，比用汤炒出来有龙虾的鲜美本味，用汤炒龙虾肉有汤味，吃不出来本味，试一试。

龙虾生活在温暖的海底，昼伏夜出，行动迟缓，不善游泳。在我国主要产于广东东南半岛，夏秋是捕获旺季。龙虾体长20~40厘米，体重1~2公斤，最大的可达5公斤，是可食性虾类中最大的虾，被誉为"虾中之王"。

龙虾的体形呈圆形而略扁，分为头部和腹部两部分。腹部较短，头胸部甲壳坚硬多刺，体呈橄榄色并带有白色小点，成雄虾个体较大，成雌虾要比成雄虾小约五分之一。雌雄虾的外貌极其相似，其区别只在其胸前的第一对爪上：雄虾胸前第一对爪的末端呈单爪，并列开叉状；雌虾胸前第一对爪的末端呈开叉状。

龙虾以个体壮、外壳坚硬、肌肉饱满、反应灵敏、充满活力者为上品，是选购的对象。死龙虾不适宜食用。处于"慢爪"和"褪铰"状态的龙虾，不宜购买。慢爪指龙虾伏于水底，足和触角动作缓慢，即使受到惊扰身体也无力移动的状态，这是死前预兆。褪铰是指龙虾的头胸部与腹部相连处有一道明显陷落的肉痕，越是接近于死亡其肉痕越深，使头部与躯干宛如分开的样子。这两种特征说明龙虾即将死去，其肉质已开始变化，鲜味已经减退。

龙虾的尿液和血水呈淡蓝色，有很浓重的腥味，宰杀时应先放血放尿，然后分别用两块布包住虾的胸部和腹部，再将其头拧下，用小刀片开腹部或背部取出虾肉，洗干净，便可制菜了。如果生吃可将虾肉按肌肉组织分为背脊肉一块和腹部肉两块。先将背脊肉片成0.2~0.4厘米厚的薄片贴在食用冰上，再把腹部肉按其腹部的节分六块，再分别片成薄片贴在食用冰上，龙虾的脑非常肥美，可用刀片开胸部将脑取出放在盘中，用于生食或烹制虾脑鸡蛋羹，或和炸松仁、法香、柠檬2片，打成虾脑酱炒菜等。

※此菜是国宝级京菜大师金永泉师爷所教，又经过人民大会堂刘章利师傅的指点，而成现在的这种菜式。此菜1999年荣获第四届全国烹饪比赛热菜银奖，当时由于经验不足，又现场制作，面包粘得不整齐，以0.9分之差而与金牌无缘。※

6. 翡翠金钱鱼

原 料

主料：草鱼1条；

配料：冬瓜1个，胡萝卜、香菇若干；

调料：清汤、面粉、生粉水、蛋清、猪油、葱姜胡椒水。

制 作

1．冬瓜去皮，刻成双金钱1个，先飞水，再用清汤煨熟；

2．草鱼去骨，刮肉，用机器搅碎，过箩过滤，和猪油、葱姜胡椒水、清汤、蛋清一起搅打，上劲，至稠糊状，放冰箱1个小时，待用；

3．胡萝卜切片，刻成金钱状，用开水烫一下过凉备用；

4．香菇片去肉，留皮，刻圆片待用；

5．圆模具放进生粉芡汁里蘸一下，放在铁片上，用镊子让香菇蘸面粉，黑面朝下放模具里，上面放鱼茸，再上面放胡萝卜金钱片，放铝锅里蒸5分钟至熟；

6．将12个金钱鱼放在盘子的中间，成长方形，冬瓜10个围金钱一圈，也成长方形；

7．锅里放清汤、葱姜胡椒水、盐调好口味，用生粉水勾玻璃芡，浇在冬瓜、金钱鱼上即可。

特 点

冬瓜脆嫩，鱼茸软嫩，入口即化，色彩艳丽，口味咸鲜。

养 生

冬瓜味甘淡，归肺、大肠、小肠、膀胱经。不可生食，虚寒肾冷、久病滑泻者不宜多食。

志福心得

1．此菜鱼茸的做法是金永泉师父所教。我看到某次亚洲烹饪比赛时，有一道菜用到了单金钱，我就想法找厨具厂把模具焊成双钱状和单钱状，又找部队的维修员用气焊，也就是焊收音机或电视的锡焊，焊成刻双钱的刀具，最终才形成此金钱。

2．鱼茸不要太稠，太稠蒸熟后有空眼；

3．圆模具先用生粉水打的芡里蘸一下，鱼茸蒸好后好褪去模具，比抹猪油好得多；

4．蒸鱼茸时，让金钱鱼放屉中，上气后关火，5分钟即熟。火太大，鱼茸容易顶出模具外，并且口感不太好；

5．用葱姜胡椒水和凉汤打鱼茸，使鱼茸去腥，增鲜。

※此菜荣获1999年6月北京第三届烹饪服务技术大赛金奖。※

7. 金鱼戏财宝

原　料

主料：鱼茸（金钱鱼）；

配料：蟹黄鱼茸、豌豆茸、干贝、干贝汁、清汤；

调料：盐、生粉水、葱姜胡椒水。

制　作

1．鱼茸做成金钱状，蒸熟后拿出；

2．蟹黄鱼茸蒸成金鱼形；

3．锅里放清汤、豌豆茸、干贝汁、葱姜胡椒水，调好味后，勾芡，盛入玻璃碗中，里面放一个干贝、金钱、金鱼即可。

特　点

形象逼真，色彩悦目，就好像金鱼在碧水中戏财宝一样，悠闲自得，口味咸鲜，有浓郁的豌豆的清香味，金钱、金鱼鲜嫩。

志福心得

1．鱼茸同金钱鱼一样，只不过蒸好后掏空而已，因此制作的时候鱼茸要比金钱鱼稍硬些就可以了；

2．蟹黄与鱼茸的比例1：4，也就是蟹黄1份，鱼肉控水4份，再加1/15的猪油，要不然蟹黄多，搅时稀，蒸出来后却硬，像蒸不熟一样，如果蟹黄少，颜色就淡，不红，再一个就是要挑选红一点的蟹黄，蟹黄少而红；

3．豌豆茸搅打时去皮，飞水，过凉后再用清汤搅打，蒸干贝汁要先用温水洗去盐分，再用清水、大葱、大姜片、黄酒蒸30分钟。葱姜胡椒水要用凉清汤泡，然后再用纱布过滤。这样做味道才足，才鲜美。

※此菜根据翡翠金钱鱼改良而来，荣获第二届东方美食比赛金奖。※

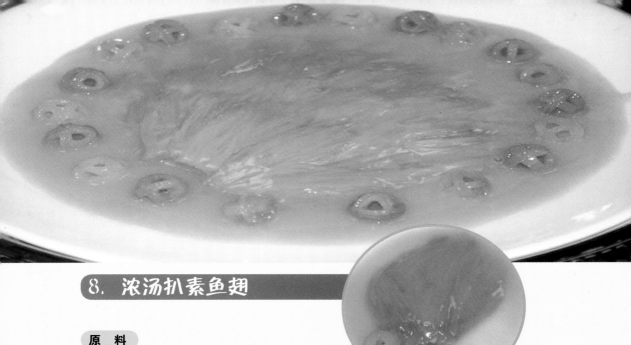

8. 浓汤扒素鱼翅

原　料

主料：水发黄花菜素鱼翅；

配料：莴笋、胡萝卜绣球；

调料：浓汤、藏红花、大葱、姜片、黄酒、盐、白糖、生粉水、浓葱油。

制　作

1. 水发黄花菜用细篦子（农村老太太梳头用的工具，用细竹子做成）梳成细丝，30个系一把，用浓汤、大葱、姜片、红花汁、盐、黄酒蒸后挤汁；

2. 锅里另放浓汤、盐、藏红花汁、白糖、浓葱油调好味，放素鱼翅，用生粉水勾芡，成菜时用小梳子稍梳放在盘里，剪去系素鱼翅的头，码放好，浇浓汤，旁边放飞水后调味炒制的绣球即可。

特　点

色形如同鱼翅，口感软嫩，汤味浓香。

养　生

黄花菜又叫安神菜、金针，黄花是就花色而喻的，金针是就花形而言的；植株称萱草或忘忧草，性凉味甘，去湿利水，止渴消烦，平气安神，利胸膈，安五脏，轻身明目，是蔬菜中含钙最多的。白居易有诗曰："杜康能散闷，萱草解忘忧。"

志福心得

我在书上看到湖南菜许菊云大师的扒素翅，经我改良后创制此菜。素鱼翅梳好后系成把，加老鸡、排骨、葱、姜，用高压锅压三十分钟，取出后滤汤，用盐调味，用藏红花汁调颜色后再蒸，勾芡后用浓葱油调香。此菜口感柔软嫩，色泽金黄，味道咸鲜浓香。黄花菜的凉性同鸡的温性、红花汁的温性、生姜的热性中和，使这道菜吃起来平和了许多。

※此菜是2005年中国烹饪名师考试用的菜品。※

9. 菊花玉蟾

原　料

主料：莴笋、牛鞭；

配料：雪蛤、红枣、枸杞子、黄瓜叶；

调料：冰糖、盐、蚝油、鲍汁、清汤、黄酒、生粉水。

制　作

1．莴笋选粗的，刻成青蛙形状，中间掏空，飞水，过凉，用冰糖水浸泡一夜，然后同发好的冰糖雪蛤、水发枸杞、清汤一起蒸5分钟待用；

2．牛鞭发好后，剞刀，先飞水，再用二汤飞水，然后再用上汤加黄酒、老抽、蚝油，放进砂锅煲至熟烂待用；

3．红枣放鲍汁里，用保鲜膜包着上屉蒸30分钟至烂而形不散，饱满；

4．把煨牛鞭的汁倒掉，用鲍汁蒸红枣的汁重新煨牛鞭，调好味、色后，用生粉水勾芡，淋浓葱姜油，然后放在盘子的一边，红枣放在菊花中间，盘边放四片黄瓜叶；

5．另用一锅，放水、冰糖、一点盐，熬成冰糖汁勾芡，浇在玉蟾上，放在盘子的另一边即可。

特　点

双色双味，口感各一，形象逼真。

养　生

牛鞭味甘咸，性温，补肾壮阳，用于肾虚阳衰所致阳痿阴冷或畏寒肢冷、腰酸尿频等。莴笋味苦、甘，性凉。利五脏，通经脉，开胸利气，壮筋骨，清口洁齿，清热利便，明目止血，催乳；叶比茎的营养价值还高，对癌症肿瘤有抑制作用。莴苣，也叫莴笋，又叫千金菜。据宋代陶谷的《清异录》记载："莴国使者来汉，隋人求得菜种，酬之甚厚，故名千金菜，今莴笋也。"食用莴笋需要注意的是：不论采取何种吃法，烹调都要以淡为贵，不可放盐过多，过咸则味恶。莴笋、雪蛤、牛鞭组合，不燥不寒，阴阳互补，即补益身体，又养阴润肤。

志福心得

1．比赛前，我本来想用东北的金牌菜菊花金蟾去参赛的，拜访了崔玉芬师傅之后，她告诉我：你得变一变，想一想，青蛙都是绿的。最后她问我用莴笋好不好。回去后我试验了好多遍，用莴笋刻好青蛙后，焯熟用冰糖水浸泡一夜，才能去掉莴笋的青气味道，口感口味才好，留在口中的是沁人心脾的清脆香甜味；

2．冰糖水里加少许盐，常言道"要想甜放点盐"，可以让甜味渗透到莴笋里，同时甜味也不会太大；

3．鲍汁蒸红枣代替糖，加点耗油，调味即可。

通过此菜，我觉得一定要多拜访大师名师，多学习，才能创出更多更好的新菜来。

干牛鞭的发制：

1．干牛鞭放在不锈钢桶里，加水慢慢烧开，放白酒，关火，让其挥发其腥臊味；一天换两次水，烧两次，至软；先软的先挑出，去白筋膜、尿道膜，然后剞刀成菊花状，不能切成菊花的切片，用流水冲一夜；

2．锅里放浓汤、红曲水、胡椒粉、浓葱姜油、盐，黄酒要多放些，有咸鲜味即可，倒进垫有竹篦的大砂煲里，用小火煲约2小时至软烂（先软烂的先挑出，至挑完为止）。让菊花牛鞭用码斗带汤汁盛起，保鲜膜包着，凉后放入冰箱，用时加热，控去汤汁，另打汁即可。

鲜牛鞭也可以，但腥臊味太重，干牛鞭经过不停地换水发制，腥臊味到最后就没有了。

※此菜荣获第二届东方美食比赛热菜金奖。※

10. 巧克力卷金丝虾球

原　料

主料：冰鲜黑鱼、大虾仁；

配料：猕猴桃片、炸土豆丝；

调料：盐、胡椒粉、鲜姜汁、卡夫奇妙酱、朝天椒汁、朱古力、面粉糊、德芙巧克力片。

制　作

1．黑鱼解冻，切成薄片，用盐、胡椒粉、鲜姜汁抓匀，摊开后放菠萝条卷起，沾面粉糊，用摄氏100度的油温炸至金黄，捞出控油；

2．巧克力里加点开水，放蒸箱蒸化取出，搅匀，菠萝鱼条沾巧克力汁放在盘里；

3．大虾仁用盐抓匀，拍干生粉炸熟，捞出控油，放在卡夫奇妙酱（加朝天椒汁搅匀）里沾匀，再沾炸土豆丝，放在盘里，上面撒朱古力针，旁边放猕猴桃片即可。

特　点

鱼卷软嫩，巧克力味浓郁；金丝虾球外酥里软嫩，微辣，酱香味浓。

志福心得

此菜是我到超市买巧克力看到一款酥心花生巧克力，同时还想起江苏一道金奖菜番茄鱼条后，灵感油然而生，回单位试做了几次，效果不错。2005年，我的徒弟宁帅参加中烹协举办的首届创新菜时荣获银奖。

11. 菌汤血燕龙筋

原　料

主料：发好的血燕窝、冰鲜鲟龙筋；
调料：菌汤、盐、清汤、大葱、姜片、胡椒粉、黄酒。

制　作

1．发好的血燕窝加大葱、姜片、清汤，蒸至软嫩，拣去葱姜，控汁，放入碗的一边；

2．冰鲜鲟龙筋解冻后飞水，用清汤、大葱、姜、黄酒、胡椒粉，蒸至软嫩，拣去葱姜，控汁，放在血燕旁边；

3．菌汤放盐调味，盛在血燕龙筋碗里，蒸热即可。

特　点

汤清味鲜，菌鲜味浓郁；血燕龙筋软嫩，高品质菜中的极品。

志福心得

此菜是学习钓鱼台第五届全国比赛的金牌菜，我回来后改良成用菌汤搭配，味道更鲜，菌香味更浓。高贵的菜品用高档的器皿盛放，更显荣华富贵。

12. 血燕蟹粉鱼茸蛋

原　料

主料：鱼茸；

配料：蟹黄、蟹肉、水发血燕、油菜鸟、猪油；

调料：盐、姜末、胡椒粉、清汤、猪皮冻、黄酒、大葱、姜片、蛋清、干生粉。

制　作

1．水发血燕加清汤、黄酒、大葱、姜片蒸至软嫩，捞出放在盅里；

2．锅里放葱油、姜末，炒蟹黄、蟹肉，溅黄酒，撒胡椒粉，放猪皮冻，炒后入冰箱里稍冻，挖球；

3．葱姜水将鱼茸打成茸过滤，加猪油、蛋清、干生粉、盐调成稠糊状，用花嘴挤在鸡蛋壳里，让蟹粉球酿在鸡蛋壳的鱼茸里，然后放进凉水里，用小火慢慢煮熟（温度不能超过摄氏90度，80度为好）捞出过凉，剥壳，放在血燕盅里稍蒸后取出，旁边放飞水的油菜鸟即可。

特　点

血燕红艳软嫩，鱼茸蛋软嫩，蟹粉味浓鲜美。

养　生

血燕呈血红色，主要是棕尾金丝燕所筑的巢，其他种类的金丝燕所筑的巢，亦有可能因食物或外界环境影响而巢色变为血红色。（因岩石的矿物质和金丝燕的唾液发生化学反应，而成为红色的血燕。）

志福心得

建议少做此菜，物以稀为贵，只因它少，才显得太珍贵，花那么多钱，还不如常吃银耳蒸百合，或蒸莲子、蒸梨的效果呢。

13. 官园一品香

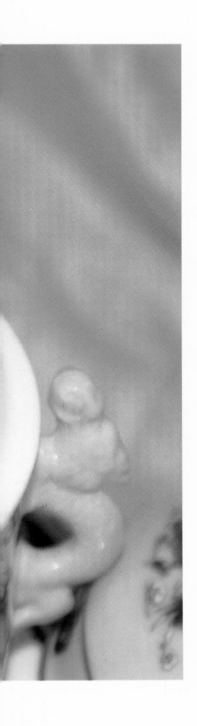

　　主料： 鲍鱼、鱼翅、海参、裙边、鱼皮、干贝、灵芝菇、鸽子蛋；

　　配料： 蟹黄；

　　调料： 浓汤、浓葱油、藏红花汁、盐、白糖、生粉水。

制　作

　　１．让主料分别发好煨好，装入盅里；上放蟹黄；

　　２．用调料调好味、调好色后勾芡，浇在盅的原料里即可。

特　点

　　此菜实际上就是佛跳墙，因为没有用佛跳墙坛，我的单位在北京官园这个地方，又因为有特色，因此领导和首长就叫它"官园一品香"。

养　生

　　鲍鱼味咸性平，归肝经，鲍鱼有滋阴、平衡血压和滋补养颜的食疗功效。按中医理论，鲍鱼滋阴清热，养肝明目，尤以明目著称，故有"明目鱼"之称。鲍鱼可辅助治疗肝肾阴虚、骨蒸潮热、视物昏暗、高血压病、角膜干燥、夜盲症、头晕目眩、目赤翳障等症。本品体坚难化，脾弱者可煮汤单饮其汁，有表邪者不宜食用。

　　鲍鱼贝壳呈卵圆形，质坚厚，药材名石决明，具有平肝潜阳、息风、清热、明目等功效。

　　鲍鱼，又称千里光、九孔鲍，古称"鳆"。鲍鱼虽叫鱼，但它实际上并不是鱼，而是爬附在海藻丛生、岩礁遍布的海底的一种单壳类腹足纲软体动物。鲍鱼身上背负着一个颇厚的石灰质贝壳，此贝壳呈右螺旋形，似耳状。鲍鱼的足部肌肉特别肥厚，分为上下两部分，上足生有许多触角和小丘，用来感知外界，下足伸展时呈椭圆形。鲍鱼生长较为缓慢，2年期的鲍鱼长度只有6~7厘米左右，壳长10厘米以上的鲍鱼大约要经过5~6年时间。每年春夏季节，海水温度升高、海藻繁茂，鲜嫩肥美的鲍鱼，向浅海作繁殖性移动，俗称"鲍鱼上床"，此时则是捕捉鲍鱼的黄金季节。干鲍鱼则是将生鲍鱼晒干而制成，高明的"做手"会令鲍鱼成为名贵干货。

志福心得

感谢广州出版社出版的《菜式物料荟萃：干货食品大全》（欧阳甫中编著）这本书，使我学到和了解到鲍鱼的知识，部分知识是摘抄过来的，另一部分是我做鲍鱼时摸索出来的经验。

品尝鲍鱼注意事项：

1. 品尝鲍鱼，首先要软烂适度。如果和豆腐一样烂，无异于暴殄天物，十分可惜。太硬则咀嚼费力，且无法品尝鲍鱼的真味，所以最好能软烂适中，嚼起来稍有弹牙之感，更要有鱼味。色泽金黄，入口软滑，咬开有糖心。

2. 制作好的鲍鱼忌放入冰箱内，因香味容易挥发，故最宜即制即食。

3. 在宴会上吃鲍鱼要讲究仪态，故用刀叉切成小片或小粒再入口较为方便及优雅。私人用膳时，如果齿力强健的话，可以直接用筷子夹起咬食，更感觉滋味带劲。实际上，有些食家认为刀叉的铁器味会破坏鲍鱼的原味，故应用筷子。如果鲍鱼太大，用筷子刺中央部位入口咬就可以了。

4. 吃鲍鱼应该"打长切"，顺应鲍鱼的纤维、纹理，从鲍鱼边皮吃至中心，由外而内令人回味无穷。至于吃时蘸些辣椒酱、芥末酱及豉油，是不懂美食又暴殄天物的做法。（一般鲍鱼捞饭跟浙醋、银芽搭配，起开胃爽口、解腻的作用。）

5. 冬天吃鲍鱼要味浓，加鹅掌使其有点腻口为佳，夏天则宜加蔬菜使其有爽口之效。

发制干鲍鱼，大致分为三个步骤：包括湿发、煲发和埋芡。

湿发：清水浸发只可以将表面的盐分、污垢清除，一般浸6~8小时即可，浸后用软刷擦洗表面的污迹。将干净的鲍鱼放置于有竹箅子的大砂煲内，注入清水（砂煲的煲壁厚度越厚越好，散热慢、效果好），水量要多些，小火烧开，20分钟，关火焖，水凉后，换水；再加水，还用小火烧开焖，至发透为止，约1天至1天半；用水发好的鲍鱼如果放在保鲜箱里放1~2天，会使其更好（但不能结冰，我这是从发海参中受的启发，可以试一试）。

煲发：具体做法是先将发好的鲍鱼剪去嘴带部，最后一次擦洗干净，约30~40个鲍鱼。

鲍汁料配方：

老鸡4只约10斤、老鸭1只约3斤、排骨2扇约9斤、赤肉7斤、肘子2个、干贝1斤、鸡爪4斤、冰糖1.5斤、姜3斤、花雕酒2瓶、陈皮1两。

1. 把老鸡、老鸭、排骨、赤肉、肘子、鸡爪弄干净，用大火烧开，飞水，控水；

2. 锅里放宽净油加热至七八成热时，放老鸡、老鸭、排骨、赤肉、肘子、鸡爪、去皮的厚姜片先炸，一次不可炸得太多，多炸几次，肉上有点色捞出控油；

3. 先把炸过的姜片放到二层竹箅子上夹上，放入不锈钢大桶底，放肉排、老鸡等，先放一部分，再放鲍鱼，放好鲍鱼后把其他的肉排、老鸡等放进去，倒花雕酒、上汤、冰糖、陈皮，淹着原料高出三指为佳；锅开后，火关小，盖上盖以汤汁微开只比鲫鱼泡大一丁点为佳，一直炖至26小时（不能关火，直至鲍鱼软烂适口，可以用一个长竹针插进鲍鱼里，用手转竹针，等到轻轻一转鲍鱼就掉下来时也就好了；如果不掉，说明湿发不够或者鲍鱼质量不好，但是鲍汁不能再炖，再炖，汁太黏稠，味就不太好了）；

4. 取出一部分鲍汁，然后把鲍鱼放进鲍汁，鲍汁残肉盖着鲍鱼一起放进砂煲放入冰箱，也可单独用保鲜膜包住鲍鱼放入冰箱，待用；

5. 取出的就是鲍汁，多余的鲍汁可以做鲍汁系列菜，荤的素的都可以。最后，就等客人点此菜，鲍汁加火腿汁调味，调色，再加蚝油，用生粉水勾芡即可食用。

煲鲍鱼要点：

1. 煲鲍鱼前期，不宜下含盐量太高的火腿、蚝油等。太咸会令鲍鱼肉质收缩，很难达到好效果。火腿、蚝油应在鲍鱼煲至9成软时加入，也就是走菜时加顶汤和蒸火腿的汁、蚝油调味就行，这样既可增加香浓之效果，又不至于弄巧成拙。

2. 煲鲍鱼加冰糖能使鲍鱼呈现出软滑柔嫩之感，加陈皮去腥增香助消化，加鸡爪、肉排、赤肉既可增鲜，还可以使鲍鱼肉质平添一种腴滑感，入口味道更佳。

3. 煲沸后转用小火，上汤量要适当，上汤太多香浓味会降低，上汤太少，鲍汁因黏稠而容易糊，一般的上汤浸出原料高出三指，盖上盖，汤汁翻滚比鲫鱼泡大点即可，煲26小时不能关火（切记），鲍汁不会熬下去多少。

4. 煲好的鲍鱼应该尽快食用，如要存放时用保鲜纸包着冷藏保鲜，也不宜超过6天以上，如实在销得太慢，也可以把鲍肉渣放进砂煲里冷冻起来，用时提前拿出化，效果也很好。

5. 老鸡、老鸭、肉排、赤肉、肘子、姜用油炸，出来的是浓香型，适合冬天用；不炸是清香型的，适合夏天用，可根据客人的情况和自己店的特色灵活运用。

14. 凤吞燕

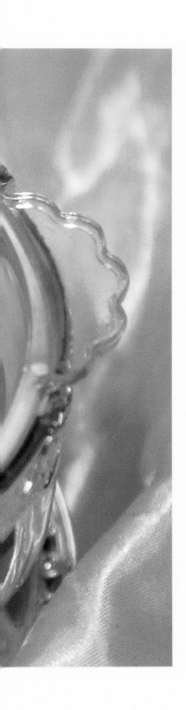

原　料

主料：水发燕窝；

配料：特供小三黄鸡、小油菜、胡萝卜、黑芝麻；

调料：盐、清汤。

制　作

1．小油菜修好，用胡萝卜片刻寇插上，黑芝麻用竹签插个眼，放黑芝麻作眼睛，然后飞水待用；

2．小三黄鸡去毛，清洗干净，从脖颈处开口，用小刀慢慢往下去骨，留鸡翅骨（为了小鸡形态好看），小鸡爪和翅尖去掉。去完骨后清洗干净（不马上用的鸡肉，可用保鲜膜包上速冻），去净绒毛；

3．发好的燕窝用清汤飞水，然后从鸡脖处装进去。鸡头别在翅膀上，用水温摄氏六七十度的水飞水，瘫软的小鸡一见热，就会迅速鼓起来。切记水温千万不要太高，以免让鸡皮胀破，燕窝漏出来，也就失去高档菜的效果了；

4．清汤加盐调好鲜味后盛进汤盆中，把凤吞燕放进去，然后把汤盆放进蒸箱或铝锅中蒸2个小时，至鸡软烂，燕窝软糯即可；

5．锅里再放清汤、盐调好鲜味，盛在玻璃碗中。把小鸡用不锈钢漏勺盛在带火炉的玻璃碗中，上面放飞过水的油菜小鸟即可。

特　点

清汤、味香、鲜醇、小鸡软烂、型整、燕窝软糯，不失为高档菜中的精品菜。

志福心得

此菜是从人民大会堂刘章利师傅那学来的，他用鱼翅做主材料，我改用官燕，又经全聚德集团副总厨杨学智师傅指点，说不要鸽子头，因为有异味，去掉后汤味会更鲜醇。改良后此菜荣获赛区第一名。为了做好此菜，我买了很多鸽子练习整鸽剔骨，由原来的半个小时到最后的三分钟。从中体会到每干好一件事都要执著苦练，才能有进步，才能有机会成功。

※此菜2003年荣获第五届全国烹饪比赛金奖。※

15. 清汤芦笋汁烩血燕

原　料

主料：水发血燕窝；

配料：芦笋；

调料：清汤、盐、鸡油、葱油、姜末、大葱、姜片、黄酒、胡椒粉、生粉水。

制　作

1．芦笋削皮，飞水过凉打成茸；

2．血燕窝加清汤、大葱、姜片、黄酒，蒸软嫩取出，挑去葱姜，控汁；

3．锅里放葱油、姜末煸香，放清汤、芦笋茸、盐、胡椒粉调好味，勾薄芡，淋鸡油，盛在碗里，上面放蒸好的血燕即可。

特　点

色泽碧绿，清爽利口，芦笋味浓郁，咸鲜清香。

志福心得

燕菜的做法很多种，我选择这种做法一是血燕高贵，二是芦笋也高贵，况且血燕有滋补肾阴、润肺的功效，芦笋也滋补肾阴，再加上鸡汤、姜，一听一看，就想吃这道菜，因为它符合现代人的饮食观念，不但好吃，还能补益身体。

16. 姜丝虎爪官燕

原　料

主料：水发的官燕；

配料：肉蟹爪；

调料：姜丝及汁、清汤、盐、大葱、姜片、黄酒。

制　作

1．发好的官燕用清汤、大葱、姜片、黄酒蒸至软嫩，挑去葱姜，控汁；

2．肉蟹爪蒸5分钟取出放凉，去壳剔肉，放入碗里，上放蒸好的官燕；

3．清汤加姜汁、盐调味，盛进蟹爪官燕里，上放几根姜丝，蒸5分钟取出即可上菜。

特　点

汤清味鲜，燕窝色白鲜嫩，蟹爪软嫩鲜香。

养　生

蟹爪性寒味咸，脾胃虚寒者或孕妇少用或禁用，因此一定要加姜去其寒，使其柔和，这样更有利于虚寒之人及孕妇食用。加进姜可解表散寒，温胃止呕，解毒。常言道：一日不吃姜，身体不安康。朝食三片姜，犹如人参汤。

燕窝味甘性平，归肺、胃、肾经。滋阴润（肺）燥，补中益气，化痰止咳。近年来研究指出，燕窝含有促进细胞分裂的激素及表皮生长因子，此等因子及激素可刺激细胞生长及繁殖，对人体组织成长、细胞再生，以及由细胞诱发的免疫功能均有促进作用。常用6~10克，有脾胃虚寒及痰湿停滞者不宜食用。

志福心得

切姜丝时，一定要先顶刀切姜片，再切丝，让姜的纤维给破坏掉，吃起来时才觉得姜丝嫩；如果顺着姜的纤维切，切出来的姜丝吃起来不嫩，嚼不碎，嘴里还有纤维和渣，因此姜丝必须得顶刀切。

制作燕窝时需注意：

1．先用冷水浸燕窝，避免溶化；

2．"味不能杂"，燕窝应用清汤来炖才合适，咸食用鸡清汤或蘑菇清汤；甜食用椰汁、杏仁汁、莲子汁、木瓜汁、现代的紫薯汁等；也可蒸水蛋（比例是蛋白和燕窝是1，姜汁水是2，小火蒸，有清香的姜香味，也可加点糖水）；

3．燕窝咸甜俱宜，但从实惠、可口和方便各角度来看，甜食比咸食来得好。通常相同分量的干燕窝做甜食要比做咸食多发1/3左右；

4．家常食用燕窝以做燕窝粥和炖汤最常见。

官燕的形成：

燕窝是由金丝燕口里吐出的唾液凝结而成，金丝燕的喉部具有发达的黏液腺，能分泌胶黏性的唾液。当其在营巢期间，摄食以小鱼、小虾及藻类食物后，经过数十分钟，便可转化为唾液，筑在人迹罕见的海岛峭壁之上，因唾液结胶性很强，故能牢固粘在岩石上，形成米饭碗状，白而带少许透明的燕窝。燕窝因数量少，采集又非常困难，因此燕窝十分名贵。

燕窝的浸发方法：

将燕窝置于盆中，注入清水（冬天用温水，夏天用凉水），浸泡3小时，待其涨透，再用清水反复冲漂，将燕窝内的细小杂质、细毛等漂洗掉一部分。然后将其轻轻地捞出，再放入注有清水的白色平盘内，用夹嘴镊子择去燕毛和杂质。使用白色的盘子，是因为燕窝和盘均为白色，细毛及杂质便易于被发现。择时要轻轻地捏取，并将燕窝丝一根一根撕下，撕时注意勿把燕窝丝弄断，择净后用清水漂洗数次，用清水泡上即可，用时将清水滗掉。

假如要发制干燕窝15克，就要用750克开水和3克食用碱粉（碳酸钠）兑成碱水。将燕窝从清水中捞出，用干布吸去水分后，放入热碱水中浸泡（提质）。待其体积膨胀大约3倍，以手捻之，有柔软滑嫩感，且肉质不发硬、不糜烂时，将其取出；将热水盛进白汤盆里，同时把控过碱水的燕窝放进去，搅动两下，倒出；再往白汤盆里倒入开水，同时把控过水的燕窝放进去，连续3次；然后再放进凉水里冲几分钟，临上桌时用温开水再泡一下，控水，吸干水分，即可装入盘中。（燕窝上桌可以让客人看到很多的燕窝。客人感觉花那么多钱值得，又显得宴会的规格档次高。夏天可以和冰糖、椰汁、杏汁搭配吃凉的；冬天吃咸的、热的，可以用酒精炉加热，但是不能在酒精炉上煮太长时间，以免因用碱提质溶化了。）经过提质的燕窝应马上食用（也可在离宴会开餐40分钟之前开始加碱水提质，现提质现用是最好的，经过提质的燕窝一般可涨发出相当于原燕窝的八九倍数量，并且使燕窝更加洁白，但是由于用碱会使燕窝的营养成分受到很大损害），不宜久置。

17. 太极官燕

原　料

　　主料：水发燕窝；

　　配料：南瓜；

　　调料：椰汁、冰糖水、大葱、姜片、黄酒。

制　作

　　1．水发燕窝用大葱、姜片、黄酒蒸软嫩，挑去葱姜，控汁；

　　2．南瓜去皮，蒸后打茸，加冰糖水一点，放燕窝搅匀；

　　3．椰汁加一点冰糖水，放燕窝搅匀；

　　4．用两个小碗盛两样燕窝，从两边同时往一个碗里转着倒，然后再用小勺点上眼即可。

特　点

　　色泽明快，形同太极，一碗两味，燕窝软嫩，汁微甜。

志福心得

　　盛装太极的手法，是在满汉全席电视擂台赛上看到的，练习时，可以先用两种不同的汁练习，等练好了，再用做好的菜倒，也可当场表演给客人看，这样给客人的感觉有功夫。我练好此菜后想，凡事要多想、多学习、多练习，练得多了，也就有窍门、有绝招、有新的思维，天底下没有做不成的事。

18. 松茸汤葫芦鸭

原　料

主料： 水发的血燕窝；

配料： 鸭脖子、小油菜、香菜梗；

调料： 盐、松茸汤、清汤、大葱、姜片、黄酒。

制　作

1．鸭脖子翻过来，去其里面的油，用香菜梗系上；再翻回来，装水发血燕，系成葫芦型，用清汤、大葱、姜片、黄酒蒸30分钟取出，放在盅里；

2．松茸汤、清汤，放盐调味，盛在玻璃盅里，上面放飞水的小油菜即可。

特　点

汤清味鲜，菌香味浓郁，血燕葫芦鸭软嫩。

志福心得

此菜是由八宝葫芦鸭改良而成，又由凤吞燕联想而出。鸭子太大，鸽子太俗，而鸭脖子皮本是废料，却出其不意地装进了燕窝，创出了另外一道新菜式。同时，鸭脖子里也可装煨好的鲜笋丝、石耳等食材，变化着做各种菜。

※此菜荣获2005年第六届全国烹饪大赛热菜金奖。※

19. 罗宋汤羊棒骨鲍鱼

原 料

主料：羊棒骨、桶装澳州鲍鱼；

配料：土豆丁、胡萝卜丁、西红柿块、芹菜丁、紫皮洋葱丁、圆白菜丁；

调料：干红酒、黄油、百里香、月桂叶、盐、番茄酱、姜片。

制 作

1．羊棒骨用水漂，冲净血水，鲍鱼漂冲净；

2．锅里放黄油，用洋葱煸出香味，再加番茄酱煸，接着放羊棒骨稍煸，溅红酒，加开水，烧开；放鲍鱼及其他配料，放百里香、月桂叶、姜片、加盐，倒进高压锅压30分钟关火，停10分钟开盖即可。

特 点

色泽红艳，鲍鱼软嫩，羊棒骨鲜美，香味浓郁，微酸微甜。

志福心得

在马克西姆餐厅学习法餐后，我就琢磨怎么才能让罗宋汤更加有档次、更加有营养，我不用牛肉，改用羊棒骨，并且增加鲍鱼，是因为鲍鱼可以补气血、补肾、补钙。这么补还不上火，因为搭配了很多蔬菜，其中几样蔬菜能增加免疫力防止衰老。

1．此菜我觉得不要放味精，也不要放糖，因为土豆、胡萝卜、番茄酱（不要选加很多调料的，特别是过多糖的番茄酱）、西红柿里均有糖分，现代人对吃甜的需求也不太高，故我觉得不放更好；

2．必须放百里香，不放那是中国味，放后，那西式味道便出来了，香气出来了；

3．我选择用高压锅做此菜，一是可以保留营养不挥发，二是因高压锅采用的是小火，原料烂而不碎，形状完整。

20. 奶油口蘑汁烩海参鲍鱼

原 料

主料：水发海参、煲好的鲍鱼；

配料：奶油口蘑汁、去皮的西红柿、香葱花；

调料：盐、胡椒粉、海参、浓汤。

制 作

1．水发的海参飞水，用盐、浓汤、大葱、姜片、胡椒粉、黄酒煨制软嫩，取出放入盅里；

2．煲好的鲍鱼放海参旁边；

3．奶油口蘑汁加热，浇在海参鲍鱼上，上面撒去皮的西红柿丁、香葱花即可。

特 点

海参、鲍鱼软嫩，奶油口蘑汁味浓郁，用西餐的汁和中式的原料，制作时尚新颖，不愧是高档菜中的又一新菜式。

奶油口蘑汁的原料

主料：鲜口蘑；

配料：紫皮洋葱、柠檬；

调料：铁塔牌淡奶油、盐、黄油、鸡汤、面粉、豆蔻粉、胡椒粉。

制 作

1. 鲜口蘑去蒂，擦净，切片，洋葱切丝；

2. 锅里放黄油，洋葱丝炒香，入口蘑片翻炒一下，放开水，挤点柠檬汁，煮30分钟，让口蘑打成茸；

3. 锅里放黄油、面粉，炒至微黄加鸡汤，边搅边加，搅成稠糊状，加口蘑汁、淡奶油、盐、胡椒粉、豆蔻粉调好味，稀稠适度即可。

特 点

口蘑味浓郁，咸香，回味无穷。

志福心得

在马克西姆学习法餐，那里的师傅真是太好了，师傅告诉我：一、加点柠檬可预防口蘑发黑；二、口蘑不能用水洗，因洗后水分多，香味也会流失，一定要用布擦干净；三、口蘑要买白色的，变色的鲜口蘑表明放的时间太长了，做出来的颜色不好看。上面的技巧有了，我又用好的淡奶油、好的黄油来调味，领导直夸我的手艺好、技术高。

21. 干烧鲍鱼配凉皮

原　料

主料：发好的澳洲干鲍鱼；

配料：飞水的青豆、猪肉五花肉丁、飞水的冬笋丁、香菇丁、切成宽丝的凉皮、黄瓜丝、面筋丁、薄荷叶；

调料：豆瓣酱、葱姜蒜末、浓汤、黄酒、锦珍老抽、辣椒油、米醋、东古酱油、盐、白糖、香油、浓葱油。

制　作

1．锅里放浓葱油、豆瓣酱煸香，放猪五花肉丁、豆瓣酱煸香，溅黄酒，放冬笋丁、香菇丁煸，放浓汤、锦珍老抽、白糖、鲍鱼，小火焖烧5分钟，放飞水的青豆，大火收汁，盛在盘的一边；

2．凉皮丝、黄瓜丝、面筋丁，放辣椒油、东古酱油、米醋、盐、香油拌匀，放在鲍鱼旁边，上面放薄荷叶即可。

特　点

鲍鱼咸鲜香嫩、微辣，凉皮酸辣爽口。

志福心得

以往干烧鱼做得多，但为了提高档次，我用干烧的手法来做鲍鱼，口味微辣咸鲜香，再加上爽口的酸辣凉皮小吃，顿觉眼前一亮，更加赏心悦目，让凉性的鲍鱼加点辣来中和，使其更加补益身体。

22. 奶酪烤鲜鲍配蒜茸榆钱

原　料

　　主料：鲜鲍；

　　配料：蒸好的榆钱；

　　调料：奶酪、大葱、姜片、胡椒粉、黄酒、捣蒜泥、麻油、盐、樱桃。

制　作

　　1. 鲜鲍去壳刷净，刷去黑膜，出水，放高压锅里加水、大葱、姜片、胡椒粉、黄酒、盐，压半个小时，取出放凉；切成三片，放入鲍鱼壳，上面盖好奶酪片，放入烤箱（温度摄氏295度左右）烤3分钟至焦黄即可取出放在盘里；

　　2. 蒸好的榆钱放入蒜泥、麻油拌匀，咸味合适，放在鲍鱼旁边，樱桃点缀即可。

特　点

　　鲍鱼奶香味浓郁，咸鲜软嫩，滋阴明目，蒜泥榆钱清爽利口，蒜香浓郁，去肝火，特别适合春季食用，因春季人体一般肝火旺。

志福心得

　　在马克西姆学习法餐，了解到淡奶油、黄油全是从牛奶里提炼出来的，并且奶酪又是黄油发酵而成，《健康时报》报道百岁夫妇的养生经，104岁"酒界泰斗"

秦含章老人，就经常吃奶酪，说容易消化吸收，并且还能补充大量的钙质。我就想让奶酪烤鲍鱼，即变化了鲍鱼的做法，又变化鲍鱼的口味，再配上碧绿的榆钱、红艳的樱桃，顿时让人垂涎欲滴。此菜适合春季食用，因春季肝火旺，榆钱去肝火，鲍鱼滋肝阴。（榆钱即榆树花，形同铜钱而得名。在阳春三月盛开，色淡绿，在山林或农村可采摘到，洗净后，挤去水分，1斤榆钱放3两干面粉，拌匀，大火蒸2分钟10秒，蒸出来的既无生味，色泽又碧绿，然后将蒜加盐捣成泥，放麻油同榆钱拌匀即可。榆钱在农村是常见之物，但在大城市却是稀奇之物，因其性味凉去肝火，但又怕去得大了，只有加蒜增加热性，再加麻油润之，任何人都能感受到大自然赐予的美味。）

鲜鲍鱼的制作：

鲜鲍鱼即为活鲍鱼，烹饪前要先清洗，用刷子刷洗其壳后，将鲍鱼肉整粒挖出，切去中间与周围的坚硬柱组织，以粗盐将附着的黏液清洗干净。因为鲍鱼表层较硬，污垢不太容易去除，所以，必要时可使用干净的刷子刷去污垢。鲜鲍鱼一遇到冷水，就会吐出白色汁液，所以，在食用前要泡一下水。

活鲍鱼在清洁处理后，一般不需要刻意烹调，只要处理好火候和调味这两个要素，就可做出绝佳的风味。火候不到则味腥，过火则肉质变韧硬。调味要浓淡适中，否则鲍鱼鲜味出不来。

用小火清蒸鲍鱼时，鲍鱼总是会收缩，这时候，只要放上直径1厘米的轮形萝卜和海带一起蒸，就不会收缩了。

23. 鲍竹声声

原 料

主料：煨好的鲍鱼；

配料：竹荪、芦笋头、鸡蛋清、牛奶、蟹黄；

调料：清汤、盐、黄酒、姜末、葱油、生粉水。

制 作

1．竹荪，芦笋头飞水，竹荪挤水，串在一起；

2．鸡蛋清、牛奶、盐搅匀，过滤，放在盘里蒸熟后取出；

3．鲍鱼切片，包住竹荪芦笋，用香菜梗系上，蒸热取出放在芙蓉上；

4．锅里放葱油、姜末、蟹黄煸香，溅黄酒，放清汤、盐调好味，用生粉水勾芡，浇在芙蓉鲍竹荪上即可。

特 点

此菜名字取自原料的谐音，吉祥，味美，咸鲜清香。

志福心得

蒸水蛋时用1个鸡蛋，加80克的温开水，加0.6克盐，搅匀，过滤，倒入炖盅，上气后，中小火蒸约5分钟，取出，浇汁即可。此时的蛋羹特别鲜嫩细腻。如果胃不好的人想在早晨食用，只要放点香油，便起到画龙点睛的作用，那美味真是妙不可言。

24. 宏图大展翅

原 料

    主料： 水发鱼翅；

    配料： 蟹钳、蟹黄、莴笋丁；

    调料： 浓汤、葱油、姜末、盐、胡椒粉、白糖、生粉水、黄酒。

制 作

    1. 水发鱼翅用竹篾夹上，用土鸡、土鸭、肘子、干贝，炖至软嫩，取出，放在盘里；

    2. 蟹钳蒸熟取肉，莴笋丁飞水后放在鱼翅旁；

    3. 锅里放葱油、姜末，煸香，放蟹黄煸，溅黄酒，放浓鸡汤、盐、胡椒粉、白糖调好味，用生粉水勾芡浇在鱼翅上即可。

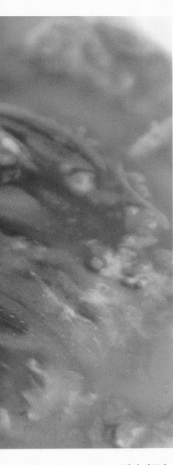

鱼翅软嫩，咸鲜浓香，色泽金黄，蟹香味浓郁。

养　生

鱼翅为海八珍（鱼翅、鲍鱼、海参、裙边、鱼肚、干贝、鱼唇、鱿鱼）之首，是一种不完全蛋白质，通过用老鸡、火腿、干贝、老鸭、肉排来煲汤，这样有利于它的营养价值在人体内得到吸收。鱼翅味甘性平，《本草纲目拾遗》称鱼翅能补五脏、长腰力、清痰开胃。《药性考》记载鱼翅可以补虚益气、开胃进食。

志福心得

1．鱼翅在煨制时，一定达到汤汁浓厚，鱼翅软烂，但又要稍有一点嚼头，如果太烂了，入口即化，到嘴里没有翅的感觉，失去了鱼翅的珍贵价值；

2．鱼翅在发制时，不能用铁锅，因铁在加热过程中，会使鱼翅中的蛋白质发生化学变化，使鱼翅色泽灰暗失亮；

3．由于各种鱼翅老嫩、厚薄、耐火程度的不同，所以涨发时，其操作过程的繁简、火候的大小都有差别。

鱼翅食时应注意以下几点：

1．食翅分量：每人2～3两（80～120克）最适合，过多则滞。

2．随鱼翅上的浙醋和银芽，并非是混合在汤汁中一起食用的。浙醋的作用，是在享用鱼翅这类较难消化的食物后，呷一口以助开胃消滞；而银芽则是供享用翅之余，作爽口之用，如西式宴会中的香槟一般。有些人喜欢在鱼翅中加醋，加芥末酱或白兰地酒，这些都会破坏汤汁的鲜味，吃来效果不佳了。

3．吃鱼翅之前不要食蒜头等味道浓烈的食物，宜先饮几口清水，以清味觉。因此在高档宴会中，也就在客人吃鱼翅之前，服务员要送给客人一杯温开水漱口，好让客人品味鱼翅这道名菜的高贵。

真鱼翅和假鱼翅的分辨：

假鱼翅一般是以鱼胶粉为主而制成的假翅。

1．仿翅不能耐火，虽然针粗，但过火即烂，如食咖喱一般，咬一咬即断，不像真翅那样有"爽牙"弹性的感觉；

2．把散条仿散翅放在台上，用手指搓一搓，便会像饭一样粘在台布上，不像真翅般有弹性纤维；

3. 用手把一条仿翅拉一拉，很容易便断开，真翅则需要稍加用力才断，此外仿翅针浸水后，有特别晶莹的通透感。

鱼翅特点：
1. 带芡汁的鱼翅：翅肉软烂（稍有嚼头），金黄透亮，柔软糯滑，味极醇美。
2. 炖翅（不带芡汁），翅肉软糯滑（稍有嚼头），汤鲜利口，回味无穷。

几种鱼翅的涨发方法：
如翅板厚大、质干、翅粗及体大的鱼翅的涨发，要选择不锈钢或陶瓷器皿，用沸水浸没鱼翅，用小火焖煮，保持微开，待沙面松软，即可离褪沙，用小刀刮去翅身上的沙质，除净翅根并洗净，带翅针部分用竹篾夹紧，避免水沸时翅膜破碎或散翅或翅针跌落，再入冷水锅煮沸，用小火焖4～6小时后连水一起倒入不锈钢桶内，待水温稍凉时，可剔出翅骨，去净腐肉，洗漂干净，然后用水煮焖约4小时，再用清水浸漂一天左右，中间换水数次，除去腥味，即可使用。涨发时如取体积大的天九翅背翅做水盘翅，滚水时间要短，用小火煨，因其皮肉嫩，大火滚水，翅针就易爆开，沙会夹于肉膜中，不易去净。

翅板不厚、沙质不硬、皮薄的鱼翅的涨发：先剪去翅边，将其放入冷水锅内煮，煮到翅身回缩，即连沸水一起倒入桶内焖，水温不烫时，取出褪沙，除净翅根，洗净，用竹篾夹紧，再放入冷水锅内煮沸，用小火焖煮3～4小时，离火焖约4小时后捞出，出骨，在清水中漂一天左右，换数次水，即可使用。

质软皮薄沙粒易除的鱼翅：将鱼翅浸入50～60℃的温水内泡焖不加热，夏天4～5小时，冬天7～8小时，用竹篾夹紧，用小火焖4小时左右捞出；在清水中浸漂半天，即可使用。

鱼翅熟货的加工比生货容易多了，因一半加工工序已完成，现在酒店的厨房都乐于使用熟货，原因也在此。

鱼翅的加工方法：
熟货勾翅可放水中浸软，浸翅期间要换水2～3次，时间视翅身厚度而定，浸软后取数片姜置水中滚，放翅及2～3汤匙白酒，余水即可配各种材料炖汤。小型薄身翅如金钱骨之类，浸5～6小时便可以，余水也只需5分钟。鱼翅发好后冷却保存，随用随取，如果走菜太少，也可分好后用水泡上，放入冷柜冻上，用时提前几个小时拿出来，但效果要比不冻的差点。

准备走菜时，让水发好的鱼翅排在竹篾上，夹好，将老母鸡块、肉排飞水，然后将一部分火腿、干贝、老鸡、肉排放在桶底，排好铺平，加入夹好的鱼翅，再将剩下的老鸡块、肉排、火腿、干贝放在翅上面，给桶里上汤，浸过翅面为度，用碟轻轻地压住，用小火根据翅的软硬来煲，有煲2小时的，也有煲1个半小时或1个小时的，总之要多试几次，至鱼翅软烂，取出，去掉老鸡、肉排、火腿、干贝、鸡油，将鱼翅用洗净的毛巾吸干水分，覆转排列在大碟里，即可准备上菜用。

25. 奶油芦笋汁扒鱼翅

原　料
主料：煨制好的牙拣鱼翅；
配料：奶油芦笋汁、蟹黄。

制　作
奶油芦笋汁放锅里，放煨好的鱼翅，调好味，盛进碗里，上面放蟹黄即可。

特　点
鱼翅软嫩，奶油芦笋味浓郁，咸清香，回味无穷。

养　生
芦笋味甘性寒，润肺止咳，祛痰杀虫，适合心脏病、糖尿病、结石病、膀胱炎、水肿、蛋白代谢障碍、肝功能障碍、食欲不振、全身乏力、淋巴系统病症等患者食用，芦笋几乎对所有类型的癌症患者都有疗效。

志福心得
1．此菜更是我学习法餐最好的见证，得到很多食客的好评。但是上次看到姚明代言的公益广告说道，没有吃就没有捕捞，鲨鱼将要灭绝等，发誓以后再也不做鱼翅了，用别的材料来做假鱼翅吧。

2．奶油芦笋汁的制作同奶油口蘑汁一样，只是芦笋去皮飞水，过凉，再打成茸，调制方法同奶油口蘑汁一样。调过味的芦笋汁用不完时，要马上用凉水冰凉，防止变色，下次可以再用。

26. 芝麻叶炖鱼翅

原 料

主料：水发鱼翅；

配料：水发芝麻叶、小油菜；

调料：盐、清汤、大葱、姜片、黄酒。

制 作

1．水发鱼翅放大葱、姜片、黄酒、清汤蒸2个小时至软嫩，放在盅里；

2．水发芝麻叶择洗干净，放在鱼翅旁，加调过味的清汤，蒸20分钟取出，旁边放小油菜即可。

特 点

鱼翅软嫩，汤鲜，芝麻叶味浓郁。

芝麻叶在河南各地均有食用，是鲜芝麻叶的嫩叶经过加工晒干而成，经泡发择洗，口感软嫩香，具有浓郁的地方风味。

志福心得

芝麻叶是河南驻马店一带常食的干菜，小时候家里常用它来做面条、面片。我入厨后，就想着怎么让没有污染，还补益身体的芝麻叶登上大雅之堂。从2005年做这道芝麻叶鱼翅开始，我就尝试着做了芝麻叶炖土鸡，太香太鲜了；再让用汤炖过的芝麻叶来做蒸水蛋；或者把芝麻叶剁碎后加葱姜末和胡椒粉蒸鲜鱼，太好了，有一种异样的感觉。看到芝麻叶，我就想起了老家，想起了快乐的童年。

※此菜荣获2005年中国烹饪创新菜最佳创意奖。※

27. 竹荪鲜鲍配鸽蛋芦笋

原　料

主料：水发海参、鲜鲍鱼、鸽子蛋、竹荪、芦笋、胡萝卜；

调料：盐、大葱、姜片、胡椒粉、浓汤、黄酒。

制　作

1．鲜鲍鱼宰杀，刷去黑膜，剞刀，放大葱、姜片、黄酒、盐、胡椒粉，用高压锅压半小时取出，放在盘里；

2．水发好的海参，用大葱、姜片、盐、浓汤、黄酒煨至软嫩，放鲍鱼旁；

3．鸽子蛋洗净，放水煮熟，去壳同竹荪、胡萝卜球，用浓汤、盐、大葱、姜片、胡椒粉同煨，取出放在盘子里，芦笋飞水同放；

4．锅里放清汤、盐调味，盛在鲍鱼海参盘里即可。

特　点

汤清鲜，原料软嫩，适合夏季食用，清爽利口。

志福心得

此菜适合夏季食用，清爽利口，再加点配料可做成清汤佛跳墙。

28. 鲜笋汤汆冬虫海参

原　料

主料：水发海参；

配料：鲜笋、土鸡、冬虫夏草、虫草花、小油菜；

调料：盐、大葱、姜片、黄酒、胡椒粒、浓汤、胡椒粉。

制　作

1. 土鸡宰杀净，剁块，漂去血水后飞水，放盆里，鲜笋去皮和老根，切滚刀块飞水，同鸡块放在一起，加大葱、姜片、黄酒、胡椒粒，放在蒸箱里用大火蒸3个小时取出，打去油，把笋汤过滤出来，用盐调味，盛在紫砂壶里，再放在蒸箱里蒸；

2. 水发海参装在砂锅里，放浓汤、黄酒、大葱、姜片、盐、胡椒粉煨制软嫩，捞出改刀，装在玻璃碗里，上放虫草花、冬虫夏草、飞水的小油菜；

3. 走菜之前，把盛海参的玻璃碗热一下，同紫砂鲜笋汤一块上桌，食用时，把鲜笋汤浇在海参上即可。

特　点

鲜笋香味浓郁，汤汁鲜香，海参软嫩。

志福心得

江、浙、湘常用鲜笋炖土鸡、土鸭，鲜笋是消食减肥的珍馐，又叫竹笋、竹胎，可分为冬笋、春笋、鞭笋。冬笋为毛竹冬季生于地下的嫩茎；春笋为斑竹、百家竹春季生长的嫩笋；鞭笋为毛竹夏季生长在泥土中的嫩杈头，状如马鞭。我想笋汤那么好喝、那么清鲜，怎么让它变得更有档次呢？勤于琢磨、勤于思考的我随后就做出了鲜笋汤汆海参，将那汤轻轻倒出，顿觉满屋清鲜，笋香味浓郁。值得一提的是，剩下的笋和土鸡另作他用。

29. 黑芝麻粉红枣海参

原　料

　　主料： 水发海参；

　　配料： 黑芝麻粉、红枣；

　　调料： 蚝油、锦珍老抽、东古酱油、浓葱油、生粉水、黄酒、浓汤、大块葱、姜片、浓汤。

制　作

　　1. 红枣洗净，用开水泡一夜后控干水分，蒸一个半小时；

　　2. 把水发海参洗净，用浓汤、黄酒、锦珍老抽、东古酱油、胡椒粉、大块葱、姜片煨至软嫩，入味后捞出控汁；

　　3. 锅里放浓葱油、锦珍老抽、蚝油，溅黄酒，放浓汤、红枣汁调好味和色，放海参，勾芡，撒黑芝麻粉，翻匀，淋浓葱油，出锅装盘，旁边放蒸红枣即可。

特　点

　　在葱烧海参的基础上，加入黑芝麻粉、红枣，使海参对人体更有补益作用。海参软嫩，咸鲜回甜。葱香和黑芝麻味浓郁，红枣、浓葱油、海参、黑芝麻搭配到一块，阴阳互补，起到健脾胃，补阴润阳的功效。

养　生

　　海参味甘咸性温，归心、肾、脾、肺经，具有补肾益精，壮阳疗痿的功效，同陆地人参疗效差不多，故名海中人参，又叫海鼠、海男子、海阳参。海参的管足能托起

0.6米的身体而爬动，海参以海底中的残渣食物为食，海参活动时像蚯蚓一样蠕动。

"五果"之一的枣是补气安躯的良品。"北方大枣味有殊，即可益气又安躯。"这是古人对枣的性味和营养、健脾，增强抵抗力医疗价值的高度概括。

志福心得

黑芝麻粉：

黑芝麻烤香放凉，用机器打碎即可，可放入酸奶、粥和勾芡类的汤羹，或炒菜用。白芝麻滋阴润肺，黑芝麻补肾肝、养头发。

海参涨发：

1．不宜用铁质器皿，因铁器易氧化，影响海参品质；

2．发海参不能沾油、盐、碱物，应将用来发制的器皿洗净；

3．海参涨发软透后，一定要用冰水泡，使其涨透，发足至八成，以便烹饪海参时能够软糯不烂，形整。

4．海参品质要求以体形粗长、质重、胀性大、肉质肥厚、水发后性糯而爽滑、有弹性、无沙粒者而为上品。如肉壁瘦薄、水发胀性不大、做成菜肴入口硬韧、味同嚼蜡，或松软酥烂、淡而无味，或沙粒未尽除者则质差。

刺参涨发：

先将刺参放入凉水泡1天，然后换水，用小火烧开，关火，焖泡至水凉，换水再泡至刺参发软，再由腹部顺着海参嘴剖开，抠去肠子（紧贴腔壁的一层膜，用时再抠）和表面黑泥沙，用清水漂洗数遍，再放入水中烧开，关火，水凉后再换水煮（切记），要将已发软的海参挑出，捞在凉水里泡上，老而硬的，则继续焖煮，如此反复挑煮，至所有的海参完全软硬一致。这时，将泡在水里的海参加上冰块，至海参发透涨足时，也就是手拿起时有滑溜、发颤的感觉即可，不可发得太过。发透的海参，一是用清水浸泡，放入不能结冰的冰箱里，每天换水，可放几天，但是如果长时间不用，就会发过，到时再做海参菜时就不易成形或太软烂没有口感，甚至发碎了都有可能。

30. 羊宝金瓜蝴蝶参

原 料

　　主料：水发海参；

　　配料：羊宝、金瓜、蜜豆、韭菜；

　　调料：浓葱油、蚝油、东古酱油、锦珍老抽、白糖、生粉水、黄酒、大葱、姜片、胡椒粉、浓汤。

制 作

　　1．羊宝剞刀后同海参一起飞水，加浓汤、黄酒、盐、炸大葱、姜片、白糖、胡椒粉煨至软嫩，捞出；

　　2．锅里放浓葱油、蚝油、锦珍老抽，溅黄酒，放浓汤、白糖调好味，放海参、羊宝，用生粉水勾芡；

　　3．金瓜去皮刻成蝴蝶状，蒸熟放在盘中，上面放烧好的海参；

　　4．韭菜和蜜豆修饰，焯水，清炒，羊宝放上面，装饰即可。

特 点

　　利用食物荤素搭配，营养互补互助的原则，既丰富美化了菜肴，又起到保健身体的作用，此菜适合春季食用。

志福心得

　　韭菜是娇嫩鲜美的起阳草，诗人杜甫曾写下"夜雨剪春韭，新炊间黄粱"的佳句。记得小时候，春天刚到，我家的牛嘴里吐白沫，父亲忙让哥哥和我到菜地里割刚发芽的韭菜来喂牛，我到现在也不知道为什么，只知道牛吃完韭菜后就好了，有精神了，我想这就是韭菜补养身体的功效吧。

31. 竹荪海参汤

原　料

主料：水发海参；

配料：竹荪、蛋黄皮、葱白丝；

调料：清汤、盐、胡椒粉、白醋、香菜、大葱、姜片、黄酒、香油、浓汤。

制　作

1．水发海参加浓汤、盐、大葱、姜片、黄酒煨至软嫩，放入炖盅；

2．竹荪切断焯水，蛋黄加点生粉水、盐，烙成皮后切成菱形片，放入炖盅，葱白丝、香菜放其上；

3．锅里放盐、白醋、胡椒粉调成微酸微辣的汁，盛在盅里点香油即可。

特　点

海参软嫩，汤鲜，微酸微辣。

养　生

竹荪，又叫竹笙，防腐山珍王，它是生长在我国西南地区潮湿竹林内的一种菌类，具有类似人参的补益功能，并且还具有延长汤羹等食品的存放时间、保持菜肴鲜味不腐不馊的奇特功能。素有"真菌皇后"之美誉。具有益气补脑，宁神健体的功效。

志福心得

此菜由山东海参汤改良而成，根据现代人饮食的需求，少肉多菌，因此把肉片换成了竹荪，使食客吃得更健康、更营养。

32. 浓汤扒裙边

原　料

　　主料：裙边；

　　配料：胡萝卜、葫芦、莴笋球；

　　调料：浓汤、浓葱油、盐、白糖、藏红花汁、生粉水、大葱、姜片、黄酒、胡椒粉。

制　作

　　1．水发裙边，改日字形状，用浓汤、盐、大葱、姜片、黄酒、胡椒粉煨至软嫩，放在盅里；

　　2．锅里放浓汤、盐、白糖、红花汁调好味，用生粉勾芡，浇在裙边上，旁边放飞水后加盐炒制的葫芦、绣球即可。

特 点

色泽金黄艳丽，成菜简洁大方，裙边软嫩，咸鲜浓香。

养 生

裙边的胶质多，补益功效大，有滋阴补血、润肤的功效，适用于阴血亏虚、形体瘦弱、久病体虚者以及妇女食用。山瑞鳖肉具有保阴潜阳、清热散结、益肾健胃的功效，用于小儿久痢、骨蒸劳热、闭经、淤血、阳痿等症状。不宜与韭菜、鸡蛋同食。孕妇及脾胃阳虚者不宜食用。

山瑞为爬行纲鳖科动物，又名山瑞鳖。体近圆形，与鳖相似，但比鳖的个头大，肉鲜而香，是一种高级冬季补品，也是贵重的水产品，价值一般比鳖高出1～2倍。

山瑞裙简称裙边，是水鱼或山瑞的裙边干制品。水鱼又称鳖，又称圆鱼、甲鱼，与龟的形状相似，但背部柔软扁平，不像龟那样有坚硬的甲壳。肉质鲜美，尤以裙边为最佳，为八珍之一，古人谓之曰"肉加十裔难比"，喻为席上珍品。由于其内裙肥厚而润，较水鱼薄窄的内裙更佳也更爽滑。

裙边有干鲜之分：鲜者是直接从活圆鱼裙上宰杀后取得；干者则需先发制。

志福心得

此菜的关键点，一是煨制裙边，煨裙边的汤放盐，用手蘸着尝有咸味即可，这样煨好后裙边的咸味正好；二是一定要用好的浓汤，如参加比赛的浓汤，比例是一斤原料出一斤浓汤，并且让煨好的裙边浸泡在调好味的浓汤里，然后放冰箱，走菜时，用蒸箱蒸一下，取出裙边放盘里，用浓汤打芡浇上即可。煨鱼皮、鱼肚同样采用此法，煨好后要炸蒸葱姜，是味道更香、更浓。

裙边的发制方法：

先用冷水浸泡1天，换水，用小火焖煮开，关火，泡至水凉，换水再煮开至软（先软的挑出，不软的继续焖煮、泡发至软为止），用小刀刮净裙边黑膜，去净碎骨渣。去掉裙边的腐朽变质部分，用水冲泡，除去腥味，发好的裙边改刀放入盆内，加入水和冰块，放入冰箱中保鲜（要经常换水），即可使用。

※此菜荣获第五届全国烹饪比赛热菜金奖。※

33. 石锅甲鱼

原　料

　　主料：野生甲鱼；

　　配料：青红尖椒；

　　调料：蚝油、锦珍老抽、东古酱油、大葱、姜片、大蒜、黄酒、胡椒粉、葱油、大料、干辣椒节。

制　作

　　1. 甲鱼宰杀，去净外膜和油，剁成块，飞水；

　　2. 锅里放葱油、大料炸香，干辣椒炸香，放大葱、姜片、大蒜煸香，放甲鱼煸，加蚝油、锦珍老抽、东古酱油，溅黄酒，放开水、胡椒粉烧15分钟，挑去大葱、姜片、大蒜、干辣椒节、大料，收汁，盛在小铁锅里；上放拉油的青红尖椒即可。

特　点

　　甲鱼咸鲜，浓香微辣，回味无穷。

志福心得

　　此菜适合冬季食用，辣椒性温，辛热，可抗寒开胃，减肥防病。但是应当注意的是：辣椒不能吃得过多，可引起口干、嗓子疼、大便干燥等，还容易造成胃黏膜充血，引起胃溃疡、胃炎等。胶质多的甲鱼放在小铁锅里，上菜时再用煲仔火烧开，上菜时那吱吱的声音、那丝丝的香气，浓香微辣，谁不喜欢？

34. 奶油菜花汁扒裙边丝

原　料

　　主料：水发裙边丝（大块的裙边切剩下的碎头）；

　　配料：白菜花、西红柿丁、香葱花；

　　调料：盐、淡奶油、黄油、碎洋葱、白兰地酒、胡椒粉、面粉、鸡汤、大葱、姜片、黄酒、二汤。

制　作

　　1．白菜花去根，洗净切块，锅里放黄油、洋葱碎，炒香，放白菜花炒，溅白兰地酒，加开水，煮20分钟，取出，用机器打成茸；

　　2．锅里放黄油，面粉炒至微黄，加鸡汤（边加边搅，以免稀稠不匀）搅成稠糊状，同时加菜花茸汁、淡奶油、胡椒粉、盐，调至稀稠合适，咸味正好；

　　3．水发裙边用二汤、大葱、姜、黄酒、盐，煨至软嫩，放在碗里，把奶油菜花汁浇在裙边上，将西红柿丁和香葱花放上即可。

特　点

　　裙边咸鲜软嫩，色泽浓白，菜花的味浓香。

养　生

　　白菜花味甘性平，养胃健脾，润肺止咳，适用于维生素C缺乏症、肺病、久咳不止，所含"吲哚"成分，能有效地对抗直肠癌、结肠癌等各种癌症。菜花大约在清代从西欧传入我国，古代西方人称赞它为"天赐的药物，穷人的医生"。

志福心得

　　裙边剩下的边头怎么办，怎样让它卖成钱，并且还显档次，奶油菜花汁扒裙边丝便是我的作品，它适合中档宴请，花钱不多，吃得显档次，有面子。

35. 豆瓣紫茄龙虾面

原　料

主料：龙虾肉面；

配料：紫茄子；

调料：豆瓣酱、番茄沙司、大葱、姜片、蒜末、生粉水、黄酒、胡椒粉。

制　作

1. 茄子切长条，拉油；

2. 锅里放葱油、豆瓣酱煸香，放大葱、姜片、蒜末煸香，放番茄沙司煸，溅黄酒，放二汤、胡椒粉调好味，过滤去渣，放炸茄条烧，用生粉水勾芡，盛放盘里；

3. 龙虾面汆熟，放在茄条上装饰即可。

特　点

龙虾面鲜嫩爽滑，茄条软嫩，汤汁红艳，微甜微辣。

养　生

龙虾性温味甘咸，归肾经，补肾兴阳，治痰火、半身不遂、筋骨疼痛，能提升血浆中ATP浓度，增加胸导管淋巴液的流量，有补充营养、强壮身体的作用。

※此菜是2005年中国烹饪名师考试用的菜品。※

36. 蟹黄芦笋炒龙虾球

原　料

主料：龙虾肉；

配料：熟蟹黄、芦笋、炸腰果；

调料：盐、蛋清、干生粉、生粉水、胡椒粉、姜末。

制　作

1. 龙虾肉漂洗，用毛巾吸干水分，用盐、胡椒粉、蛋清、干生粉上浆，拉油；

2. 芦笋削皮，改刀，飞水；

3. 锅里放油、姜末炝锅，放龙虾肉、芦笋、蟹黄、腰果、盐、用生粉水勾薄芡，盛在玻璃盘里即可。

特　点

龙虾肉洁白，脆嫩爽口，咸鲜，色泽悦目。

37. 奶油汁焖大虾

原　料

　　主料：大虾；

　　配料：胡萝卜环、炸土豆丝；

　　调料：黄油、干葱、淡奶油、白兰地酒、盐。

制　作

　　1．大虾去头，挑去沙肠，拉油，胡萝卜蒸熟放在盘里；

　　2．锅里放黄油、干葱煸香，放炸虾、白兰地酒、淡奶油、盐煮一会儿，收汁，虾头放在胡萝卜环里，虾身放旁边，浇汁，放炸土豆丝即可。

特　点

　　大虾咸鲜脆嫩，奶香味浓郁。

志福心得

　　清真第一楼鸿宾楼的原总厨师长苑树棠师傅教我怎么做大虾才嫩，才爽口：做大虾时点几滴醋，焖几秒，开盖。我改良了一下，用柠檬代替醋，来腌制大虾，口感味道更胜一筹。脆嫩的大虾还有淡淡的柠檬味。

38. 宫保抓炒虾仁

原 料

主料：虾仁；

配料：火龙果丁、哈密瓜丁、核桃仁；

调料：盐、番茄酱、白糖、生粉水、花椒、胡椒粉、葱油、姜片、蒜片、干辣椒。

制 作

1．虾仁从中间稍片，放盐、胡椒粉，用生粉水抓糊，放油炸至外酥里嫩状态，放配料，倒出控油；

2．碗里放番茄酱、白糖、生粉水、水、盐调好味汁；

3．锅里放葱油、花椒炸香后捞出，放干辣椒炸至棕红，速放姜蒜片、虾仁，放味汁，迅速翻匀，盛在盘里。

特 点

虾仁外酥里软嫩，微甜微酸微辣，色泽红艳。

养 生

核桃原产中东，汉代张骞出使西域带回种子，故名胡桃，是世界四大干果之一。宋代《开宝本草》上说："常食核桃，能令人肥健，润肌，黑须发。"核桃具有强肾补脑、补气养血、润燥化痰、温肺润肠、散肿消毒等功效。

志福心得

现在食客都喜欢食补养生，不用太多调料，原汁原味，你看，我在抓炒虾仁中不但加了水果，用番茄酱调酸甜味，还加了核桃仁，滋补身体的功效就又增加了。

39. 紫菜冬瓜馄饨

原　料

主料： 基围虾肉；

配料： 紫菜、虾皮、冬瓜薄片；

调料： 清汤、盐、胡椒粉、香菜段、香油、葱姜末、干生粉、熟肥肉末、蛋清。

制　作

1．基围虾肉去沙肠，一半剁碎，一半切粒，熟肥肉末、加盐、胡椒粉、葱姜末、香油调匀成虾馅；

2．冬瓜片飞水，吸干水分，沾干生粉后敲打成薄片，包虾肉馅，用蛋清粘接口，飞水，放炖盅；

3．虾皮用开水烫一下去盐分，同紫菜放炖盅；

4．清汤加盐、胡椒粉调好味盛进馄饨盅里，放蒸箱蒸3分钟后取出，放香菜段即可。

特 点

汤清味鲜，紫菜味浓郁，冬瓜馄饨软滑鲜嫩。

养 生

紫菜味甘咸，性寒滑，清热利尿，软坚化痰，润肺去痨，降压解毒；俗话说："紫菜抗癌消肿块，软坚补钾营养高。"

志福心得

1.虾肉一半剁碎，可以增加虾肉胶质，易于上劲；另一半切粒，可以增加虾肉鲜、脆嫩的口感；

2.加熟肥肉末，可以增加香郁的感觉，生的有异味；

3.虾肉馄饨飞水不可过熟，六成熟即可，因加热汤后再上桌还有一个加热的过程，况且虾肉熟过了脆嫩度就会降低。

40. 菌汤伞虫草象拔蚌

原　料

主料：象拔蚌；

配料：菌汤、竹荪、冬虫夏草、油菜心；

调料：盐。

制　作

1．象拔蚌从壳里取出，除去内脏，将伸在壳外的蚌鼻，用开水烫一下。撕去外皮，蚌肉切成片放一起，蚌鼻一侧拉开、轻拍，片成薄片放一起；各自冲洗干净；

2．锅里放水烧开，竹荪段、小油菜各飞水过凉，蚌肉、蚌鼻各自飞水，迅速放入冰水中泡凉；

3．竹荪和蚌肉挤水后放在小玻璃碗里，蚌鼻挤水后放其上，小油菜放旁边；

4．菌汤里放盐，盛入小紫砂壶，上屉蒸到透热时，跟蚌鼻玻璃碗一起上席，食时，让汤冲进玻璃碗里即可食用。

特　点

菌香味浓郁，汤鲜，蚌脆嫩，蚌肉回味鲜甜。

志福心得

1．蚌肉、蚌鼻用开水稍烫不可过，大约3秒钟，也就是倒进开水里，搅动一下，迅速捞出，放在冰水里；

2．蚌肉、蚌鼻要分开烫；蚌鼻档次高，蚌肉档次和卖相不如蚌鼻，要放在玻璃碗的下面，蚌鼻放其上，显得好像全是好料似的；

3．象拔蚌的内脏不能吃，因内脏含有红潮毒素，人体吸收多了，可能会发生中毒的危险。

菌汤的制作：

冰鲜松茸切片，用开水浸住蒸，虫草花用开水浸住蒸，清汤蒸热，三者兑在一起之比是2∶1∶7。即松茸汁约2份，虫草花汁约1份，清汤约7份，加盐调味，盛入紫砂即可。注意千万不要加味精，因味精能抢走菌香味。也千万不要提前打开，免得菌香味挥发掉。

41. 芡实棒渣粥煮象拔蚌

原　料

主料： 象拔蚌片；

配料： 芡实、玉米棒渣、荠菜、泡好的虫草花；

调料： 盐、胡椒粉、姜末。

制　作

1．芡实用清水冼，用开水泡3个小时，用蒸箱蒸1.5个小时；

2．荠菜择洗干净，飞水过凉，切短段；

3．玉米棒渣用开水，煮成粥，加姜末、盐、胡椒粉、荠菜烧开，出锅装在盅里，蒸好的芡实放其上；

4．象拔蚌片放在盘里，跟玉米粥上桌，食用时倒入玉米粥里即可。

特　点

色泽金黄中带碧绿，口味咸鲜浓香，象拔蚌脆嫩回甜。

养　生

玉米味甘性平，归脾、胃经。能降低血清胆固醇，防止高血压、冠心病、心肌梗死的发生，并具有可延缓细胞衰老和脑功能退化等作用。并且还有抗癌的作用，因为含有赖氨酸，能抑制肿瘤的生长；还含有谷胱甘肽，能让癌因子通过消化被驱出体外，还含有较多的纤维素，能促进胃肠蠕动，缩短食物残渣在肠内的停留时间，从而防止直肠癌。

古代诗翁陆游写食粥的诗："世人个个学长年，不悟长年在眼前，我得宛丘平易法，只将食粥致神仙。"道家也强调："欲要长生，肠中常清，欲要长寿，肠中无渣"；"三分钱换来一生寿"。现代的饮食男女，习惯吃太多难消化的东西，只会加重肠胃负担。对此，粥不失为利消化、振肠胃的清淡食品。

志福心得

1．玉米粥里加点碱面，可以破坏玉米鞣酸，增强人体的吸收率，同时还可以中和人体肠胃的酸碱平衡；

2．象拔蚌的加工同菌汤象拔蚌。

42. 蟹粉扒鱼肚

原 料

主料：鱼肚；

配料：蟹肉、蟹黄、芦笋；

调料：盐、白糖、姜末、葱油、生粉水、二汤、大葱、姜片、黄酒。

制 作

1. 鱼肚飞水，用盐、大葱、姜片、二汤、黄酒煨至软嫩，捞出挤汁；

2. 锅里放葱油、姜末煸香，放蟹肉、蟹黄煸，溅黄酒，放浓汤、盐调味，放鱼肚勾芡，盛入盘里，旁边放飞水过的小芦笋即可。

特 点

鱼肚软嫩咸鲜香，蟹肉蟹粉味浓郁。

养 生

鱼肚是补精养血的养生佳品，性味甘平，补肾滋肝，止血抗癌（食道癌、胃癌）。

鱼肚的主要成分是高黏性胶原蛋白质和粘多糖物质，高级滋补品。食欲不振及痰湿盛者不宜食用。

鱼肚是用鱼腹中的沉浮器官——鱼鳔经加工干制而成。以富有胶质而著称，所以又叫花胶，自古便属于"海八珍"之一。鱼肚因鱼的品种不同，其质量差别也特大。能够取鳔制得鱼肚的，当然是一些体型较大的鱼，根据品种不同，鱼肚也分鳘肚、黄鱼肚、毛鲿肚、鳝肚等多种。

鱼肚名称	有关鱼的分科及学名
鳘肚	鳘鱼（鳕鱼）、鳕科
黄鱼肚	大黄鱼、石首鱼科
毛鲿肚	毛鲿鱼、石首鱼科
鳝肚	海鳗、海鳗科

鱼肚花胶种类多，顶级的正宗黄花胶和白花胶，市面上很少见到，渔民捕鱼后多数宰杀了自行享用。黄花鱼肚有很多名称，如原来只有鱼鳔未剖开加工成圆筒形的称胶，体形较小较薄的称吊片，数片鲜鳔粘搭而成的体厚片大但又不十分透明者为搭片，或块胶，加工成带形，名曰长胶、带胶等等。

"广肚"是一个总称，例如从毛鲿鱼取得的鱼肚，或是从鳘鱼取得的"鳘肚"，只要体形较大的，往往都被称作广肚。广肚以完整厚大、淡黄或浅红、有光泽半透明、有鼓状波纹的为上品。

扎胶（扎肚）原产中南美洲，当地人称"长肚"，肚形长而窄，"窄"字后来却在行内写成"扎"了。

"鸭泡肚"因未剖开前形似荷包而得名，来自中美巴拿马一带，是一种淡水草鲈的鱼鳔，这种鱼大条的足有200磅。其特点是不韧身，脆口，价钱适中。一般酒楼用得多。

鳝肚呈圆筒形，是海鳗的鳔，属高价货色，多来自孟加拉一带。用沙爆或盐爆处理，即在沙粒或盐粒旺火下将鱼肚急速拌炒后而成的爆鳝肚，食后爽口又不会泻身，也很受欢迎。

参茸店中常见到形似乒乓球拍的号称"鳘肚"的鱼肚出售，外形看去很美观，其实并非真的是鳘的鱼鳔，只是用多块"扎胶"加工制成的鱼肚而已。

鱼肚中有一种称为"花心"的鱼肚，这是鱼肚内未能干透的结果，不宜食用。

还有一种鱼肚叫公肚，有大有小，像个胖乎乎的海豚鱼，小的一个卖6000～8000元，大的一个卖一万多元，（够4~5人食用）。

广肚的雌雄之分：

雄的形如马鞍，身厚，浸发后约1~2厘米，发性很好，入口味美；雌的则略圆而平展，质较薄，煲后易溶化，即所谓泻身。

扎胶的雌雄之分：

肚公则薄身肉爽，煮起来不易溶化，一般加工商会将之沙爆或油炸，然后再卖；肚母厚身，卖相好，煲后易泻身成糯粉状而粘牙。

总之，肚公一般外表形长纹直厚实、质爽软滑，不会因受热而溶化；肚母一般外表形圆纹横宽薄，煲后易（泻身）溶化。

爆肚和炸肚：

鱼肚是新鲜优质鱼鳔的干制品，加工方法主要有沙爆和油炸两类；因而也就有"爆肚"和"炸肚"的分别。无论是沙爆还是油炸，加工前先要把鱼肚浸软，去油脂血筋后，再晒至全干。倘客人要求色泽洁白，还要用双氧水加以漂色。

水发鱼肚的方法：

鱼肚必须先行浸发才可应用，浸发程序很繁杂。当我们在海味店购买了鱼肚之后，必须先用清水浸透约一整天，然后放进一煲沸水里，盖密以免漏气，也不必加火，用这种沸水焗至沸水冷却，然后把水换掉，再放入另一沸水煲中焗至水冷，如此浸发多次才成。但在换水时须检视一下，如发现已浸发软者便要取出，直至全部浸发至软，再放入一盆清水中用水不断地冲漂1小时，即可取出应用。但浸发鱼肚也有一些禁忌，如要浸发得理想，切忌用沾有油腻物或苏打类成分的器皿浸发。鱼肚所含胶质极重，容易粘锅底，煲时最好用竹箅垫底，以防烧焦。鱼肚虽经煲浸，但腥味仍很重，所以必须在应用时用姜葱、绍酒、幼盐煨透，才能去除腥臭气味，否则烹制出来的菜式不够完美。

一般贮存过久的鱼肚都有一种哈喇味或腥味，这时候如果用葱姜汁、绍酒煨过仍未能去掉异味的话，可用白醋浸透，然后再用清水漂洗，便可去除异味了，且白醋还有漂白的作用。

假鱼肚是用风干的猪皮冒制的，先将风干的猪皮用温碱水洗净，切成小条，下入温油锅里，勿使油翻滚，冒烟，持续2~3小时待肉皮由硬变软捞出，这时把油烧开，再把用油焖软的猪皮放入，待发泡膨胀后捞起即可。

油发鱼肚的方法：

将鱼肚浸入温油锅中泡软，取出剁成块，再放入凉油中浸泡2~3小时，从凉油中取出放入40℃的油温中浸炸40分钟左右，此时鱼肚基本发透，从油中捞出备用，（如果发不透的，这里有一个小窍门，可能管用，就是将鱼肚先放在另外一个油锅里，原油锅继续开火，然后往油锅里倒凉水，盖上盖，油遇水产生气体压力，再把鱼肚放入原油锅里，可以用气体压力，促使鱼肚发透。）涨发合乎标准的鱼肚为白黄色，松脆膨胀。发好的鱼肚使用前应将其浸发在温水中，浸透发软后，用温水洗去油脂（也可用80℃的水温放点碱去油），再用凉水漂洗数次，然后改刀成型，在开水中略煮一下，用凉水冲凉，即可用于烹制。

43. 糯米藕配鱼肚菜心

原　料

主料：糯米藕、鱼肚；

配料：盖菜心；

调料：枸杞粉、盐、浓汤、生粉水、大葱、姜片、二汤、葱油。

制　作

1．糯米藕切厚片，放入蒸箱蒸3分钟至热，取出放在盘中；

2．鱼肚飞水，二汤、葱姜稍煨至软嫩；

3．锅里放浓汤、盐、枸杞粉，调好味，用生粉水勾芡，淋葱油，浇在藕、鱼肚上，旁边放炒好的盖菜心即可。

特　点

用枸杞粉搭配藕和鱼肚，可起到食物功效互补，藕软嫩回甜、香味浓郁，鱼肚软嫩咸鲜香。

养　生

枸杞粉滋阴明目，糯米藕补气血，鱼肚健脾胃，加葱油、浓汤，补气血，健脾胃，增强人体抵抗力。常言道：枸杞籽，枸杞籽，一定要让籽打碎，人体消化吸收率才高，功效才大。

藕味甘性凉，清热生津，凉血散淤，补脾开胃止泻。女子多吃藕，养颜又美肤。鲜藕止血，熟藕补血，鼻子爱出血，赶快吃藕节。

石楠小说《画魂》里的一首小诗这样描述藕："原是冰肌洁玉身，玲珑心曲本天成。漫言埋没无颜色，一出污泥便可人。"清代顾禄在《桐桥倚棹录》中也赞美藕："美人家在水云窝，不染纤泥出绿波。漫道郎情丝样软，玲珑心比妾心多。"江浙一带以七孔藕居多，其他地方以九孔藕居多，口感脆嫩，其中以湖北藕最养人，藕面糯，丝长，常言道"藕断丝连"，指的就是湖北藕。

志福心得

1．枸杞如果特别干，用机器直接打成粉；

2．如果不是特别干，可以冷冻后，再用机器打成粉。

44. 金汤冬瓜瑶柱配鱼肚

原 料

主料：冬瓜、瑶柱、鱼肚；

配料：小油菜；

调料：盐、白糖、浓汤、葱油、二汤、大葱、姜片、藏红花汁、生粉水、黄酒、胡椒粉。

制 作

1．冬瓜、瑶柱放入蒸箱蒸3分钟至熟取出，放入碗里；

2．鱼肚先飞水，然后用二汤、盐、黄酒、胡椒粉、大葱、姜片煨至软嫩，捞出挤汁；

3．锅里放浓汤、盐、白糖、鱼肚、藏红花汁，调好味，放葱油勾芡，盛在瑶柱碗边上，旁边放飞水的小油菜即可。

特 点

色泽金黄，鱼肚咸鲜软嫩，冬瓜瑶柱软嫩韧香。

志福心得

1．干瑶柱用水洗一下，用开水泡3个小时，放大葱、姜片、黄酒蒸1个小时，放凉；

2．冬瓜去皮，刻环飞水，过凉，让蒸过的瑶柱去贝筋（因为贝筋嚼不动，不能因为它而影响整个菜得质量），放进冬瓜环里蒸6分钟取出即可。

45. 蟹肉烩雪蛤

原　料

主料：发好的雪蛤；

配料：拆蟹肉；

调料：盐、胡椒粉、鸡油、清汤、二汤、大葱、姜片、黄酒、姜末、葱油、生粉水。

制　作

1．雪蛤用大葱、姜片、黄酒蒸，去其腥味，取出，挑去葱姜，过滤汁水；

2．锅里放葱油，放姜末煸，放蟹肉，溅黄酒，放清汤、盐、胡椒粉调好味，用生粉水勾芡，淋鸡油盛出即可。

特　点

汤清味鲜，雪蛤滑嫩。

养　生

雪蛤味甘咸，性平，补肾益精，养阴润肺；此外还可用于阳痿，神经衰弱；可做汤食或蒸汤食。有外感病及食少便溏者不宜食用。

志福心得

蟹肉属寒，雪蛤属阴，因此加姜末去其阴寒，使之性味得以互补平和，并且姜还有去腥增鲜的作用。雪蛤膏又名哈士蟆油，是名贵补品之一。

雪蛤膏来自"中国林蛙"或称"哈士蟆"的卵巢及输卵管里的脂肪。这种蛙体长5.1~7.6厘米（2~3英寸），生长期5~7年。在中国北方各省及蒙古、朝鲜均有它的踪影，只不过中国东北特别多，而东北人又善于取之入馔，因而形成一个印象即它是东北三省的特产。

蛤士蟆从蝌蚪发育成幼蛙，在水边逗留3~5天即开始岸上生活。到了10月上旬，天气渐冷，便开始冬眠。蛤士蟆耐寒力很强，即使在零下26℃下四肢躯干均已冻硬，但只要胸腹部没有冻僵，放于温水中便可苏醒。

捕捉哈士蟆，一般在9~11月，捉到后加以挑选，小的放回河里，大的放在约80℃热水烫1分钟，捞出凉晾，把雌蛙于眼部穿成串，挂于通风之处晾晒，使之成蛤士蟆干。将收集的蛤士蟆干用沸水煮1~2分钟，盖上麻布焖一宿，次日剖开腹皮将输卵管取出，去净卵巢及内脏，只留脂肪，置通风处晾干，即成雪蛤膏。

雪蛤发制：

雪蛤膏取之入馔，可放于大碗中，先用凉水浸泡8小时，然后加沸水、大葱、姜片、料酒加盖蒸半小时，捞起，挑去黑膜及杂质。走菜时，用上汤蒸3~5分钟，去其腥味，再去净汤味，即可做冰糖雪蛤或其他菜式。此时可见其体积已膨胀至原来的10~15倍。

鉴别：

干货，色白黄，颗粒状，且颗粒整齐者为上品；色重，不干（有柔软感），非颗粒状且有链接态为次之（简单的鉴别）。市面有假雪蛤膏的出现，查根究底，是蟾蜍（癞蛤蟆）科动物中雌蟾的输卵管，或鳕鱼科动物明太鱼的雄性精巢，或蛙科动物青蛙的输卵管干燥而成。误将之食用对身体无益。

分别如下：

	真雪蛤膏	假雪蛤膏
形状	呈不规则的弯曲，相互重叠的厚块，长1.5~2厘米，厚0.15~0.5厘米，有时可见筋膜粘连。	呈肠形或盘卷成串，有扭曲的管状或挤压成块片状，有压条之间可见线状白膜相连，长2~4厘米，厚0.3~0.7厘米。
色泽	黄白色，有脂肪般光泽，偶有带灰白色薄膜状干皮。	黄白或黄棕色，无脂肪一般光泽。
质地	质脆易碎，手摸之有油脂状润滑感，过水膨胀快，可发至10~15倍。	质稍韧，手摸之无滑腻感，质较轻而硬，水浸润膨胀慢，增大约4~5倍。
味	味甘，口嚼之有粘滑感，气腥。	味苦，微麻舌、辛，粘牙。

特别是青蛙输卵管与正品在形态色泽上极为相似，唯有膨胀度较小，膨胀后内部腥气较弱，味辛辣，麻舌，粘牙（只有通过品尝才能辨别）。

干货的雪蛤膏，呈半透明的粒子形状，浸发后，变得柔软糯滑。由于雪蛤膏寡淡乏味，需要鲜美的上汤及配料调和，方保佳美效果。

雪蛤膏的食制，从前多作单尾（最后上甜菜）的甜品使用，近因产量增加，也用来做菜，比如用来扒制和烩羹最为流行。扒制的菜式，多配合蟹肉，取其鲜香甘滑，菜式除食味优美，卖相更是优雅美观。雪蛤配羹，有配鱼翅，有配燕窝；配鱼翅者，羹的黄色为金黄；配燕窝者，羹的黄色偏白，卖相食味各有特色。

46. 醪糟汁雪蛤酿香梨

原 料

主料：水发雪蛤；

配料：醪糟、泡枸杞子、蒸红枣；

调料：大葱、姜片、黄酒、茅台酒、生粉水。

制 作

1．香梨去皮和核，放蒸箱蒸1个小时蒸软，取出放在盘里；

2．水发雪蛤用大葱、姜片、黄酒蒸后取出，挑去葱姜，滤汁，放在香梨里；

3．锅里放醪糟、枸杞子、红枣、茅台酒，调好甜味，用生粉勾芡，浇在香梨上即可。

特 点

雪蛤香梨软糯，醪糟酸甜，酒香味浓郁。

养 生

梨性凉，味甘、微酸，归肺、胃经，润肺消痰，清热生津。有降压、镇静的作用。生者清六腑之热，熟者滋五脏之阴。

志福心得

1.梨去皮、核后要马上蒸，不要停留时间太长，以免氧化变色；

2.不用加糖，因醪糟、梨水兑到一块后，甜味自然产生，而且足够了。

47. 鱼皮烩雪蛤

原　料

主料：水发鱼皮、水发雪蛤；

配料：竹荪、小菜心；

调料：盐、清汤、二汤、大葱、姜片、枸杞粉、黄酒、胡椒粉、生粉水、姜末、鸡油、葱油。

制　作

1．水发鱼皮，用二汤、大葱、姜片、黄酒、胡椒粉、盐煨至软嫩；

2．水发雪蛤加葱姜、黄酒蒸后捡去葱姜，滤汁；竹荪切菱形片飞水，小油菜飞水；

3．锅里放葱油、姜末稍煸，放清汤、盐、胡椒粉，放鱼皮、雪蛤、竹荪调好味，勾玻璃芡，盛入盅里，上放小油菜心，撒点枸杞粉即可。

特　点

汤鲜味美，色彩淡雅。

养　生

鱼皮味甘，性咸平，具有补虚劳的功效，富含胶原蛋白。食之强身健体，补气养血，还能美容。

鱼皮价钱并不贵，但为了适应市场要求，鱼皮加工制造过程中，要用白矾、双氧水、硫黄等加以处理，再晒干，让鱼皮呈现鲜艳的金黄色，使买者感觉是靓货。假如不用这方法，鱼皮的色泽便呈暗哑色而无光泽，鱼翅行中俗称"猫屎色"，引不起买家兴趣。

鱼皮的浸发：

置鱼皮于盆中，用白酒半斤和开水浸2小时，让鱼皮体内矿物质随着热水和酒精挥发而溶解出来，再用清水浸最少10小时。然后进行煀沙（以猪毛刷刷，去净沙粒），洗净，用开水煮20分钟，再浸清水。这样处理后，鱼皮的腥味便尽除，而代之有一股清香味了。经过浸发的鱼皮，切约5厘米的段，可随意加入菜式搭配。

48. 剁椒蒸蜗牛

原　料

主料： 熟蜗牛；

调料： 炒好的剁椒、香葱花；

制作： 熟蜗牛放进蜗牛盘，上面放炒好的剁椒，上屉蒸4分钟至热，取出，撒香葱浇热油即可。

特　点

蜗牛软嫩咸鲜香微辣，色泽红亮。

志福心得

牡蛎、鹅肝、黑菌、蜗牛是法国的四大名菜之一，把法式焗蜗牛改良成剁椒蜗牛，更鲜辣清香。

熟蜗牛的加工：

胡萝卜4个、西芹2棵、洋葱4个、姜6块、大葱8棵、茅台酒100克、白兰地酒1瓶、月桂叶10片、百里香叶20克、陈皮10克、胡椒粒30克、盐60克、冰鲜蜗牛焯水后40斤、开水50斤淹没原料，小火煮3~4小时至软嫩，捞出放凉即可食用。

剁椒的制作：

1. 剁椒控汁，剁细；

2. 锅里放葱油，放花椒炸香，捞出不要，放小姜片、蒜片煸香，放剁椒、白糖、胡椒粉、阳羌豆豉拌匀即可。

49. 干烧中华鲟

原　料

主料：中华鲟；

配料：冬笋丁、香菇丁、青豆、猪五花肉丁；

调料：剁细的豆瓣酱、白糖、锦珍老抽、胡椒粉、葱姜蒜末、黄酒、二汤、米醋。

制　作

1．中华鲟挤水，用油炸至黄色，冬笋丁、香菇丁、青豆（后放）飞水；

2．锅里放色拉油、猪五花肉丁稍煸，放豆瓣酱稍煸，放葱姜蒜末、锦珍老抽几滴、黄酒煸香，放二汤、中华鲟、白糖、米醋、胡椒粉烧2分钟，放青豆，收汁，出锅装盘。

特　点

鱼外酥香里软嫩，咸鲜微辣回甜。

志福心得

四川的干烧味、宫保味、鱼香味为什么千百年来，经久不衰、常吃不厌，就因为它太家常了，味太好吃了，别的味无法代替，因此，才吸引了大批爱好美味的食客。

50. 香煎三文鱼配紫薯

原　料
主料：三文鱼；
配料：日本小紫薯、橙肉；
调料：盐、胡椒粉、白兰地酒、黄油。

制　作
三文鱼切长块，不粘锅里放黄油、三文鱼，用大火煎，撒盐、胡椒粉，溅白兰地酒，翻面再煎至七成熟，盛出放在盘中，蒸小紫薯和橙肉放鱼旁即可。

特　点
三文鱼外香里软嫩、咸鲜适口。三文鱼含有大量的不饱和脂肪酸，助减肥，降血脂。

志福心得
刺身三文鱼鲜嫩，而熟后的三文鱼发柴不好吃，那么，食熟食热的中国人怎么办呢？我先用柠檬汁、白兰地酒、盐、胡椒粉稍腌一下，再用火猛煎至两面硬起，至七成热，迅速倒入不锈钢盘中，再码放在盘里上菜。此种做法，三文鱼也很鲜嫩。

51. 奶油口蘑烩蜗牛

原料
主料：熟蜗牛；

配料：鲜口蘑、去皮西红柿；

调料：铁塔牌淡奶油、盐、洋葱末、黄油、白兰地酒(或白葡萄酒)。

制作
1．鲜口蘑去根部，擦净，一切四；

2．锅里放黄油、洋葱末煸香，溅白兰地酒，放口蘑丁、蜗牛、淡奶油、盐倒进砂锅，盖上盖，小火烧3分钟至口蘑软，缩小一半时，大火收汁，盛入盘中，上撒去皮西红柿丁，用茴香苗点缀即可。

特点
口蘑蜗牛软嫩，咸浓香，回味无穷。

志福心得
此菜是在马克西姆西餐店中学习到的，感觉他们做的法国菜太地道，太正宗了。他们那里像味精、鸡精、酱油之类的全看不见，只用盐、奶油和各种酒来调味。此菜我刚开始也试了一下放味精，但效果却截然不同，放味精后味道反而很难吃，不放味精却能吃到原味的蘑菇香和淡奶油的香。

蘑菇为什么叫口蘑?

郭沫若到张家口品尝了口蘑菜肴后，曾赋诗："口蘑之名满天下，不知缘何叫口蘑，原来产在张家口，口上蘑菇好且多。"因为张家口曾是蒙、晋、冀的交通枢纽，人们称其为"口上"，商人旅客多在这里聚集，而口上的蘑菇，也自然被称为"口蘑"，有食用菌之王的称号。口蘑可以预防病毒性疾病。

52. 肉末芽菜蒸鳕鱼

原 料

主料：银鳕鱼1块；

配料：肉末、芽菜碎、蒲公英；

调料：锦珍老抽、葱末、姜末、蒜末、花椒、自制干辣椒面、胡椒粉、盐、黄酒、香葱花。

制 作

1. 锅里放沙拉油、花椒炝香，放葱、姜、蒜煸香，辣椒面稍煸，放老抽，溅黄酒，放芽菜碎、胡椒粉煸匀，倒出放凉；

2. 银鳕鱼挤水，上放炒好的肉末芽菜，上屉大火蒸5分钟至熟取出，浇油；

3. 蒲公英择洗净，飞水，撒盐，炒后控挤一下汁，放入盘中，让炒好的肉末、芽菜、鳕鱼放在蒲公英上即可。

特 点

鱼鲜嫩咸香，微辣，风味别致。

志福心得

此菜根据四川担担面的肉末芽菜演变而来。四川的担担面全国有名，好吃就在它的肉末芽菜上，我用肉末芽菜来蒸鱼，味道也很鲜美好吃，也可以用肉末芽菜来蒸香芋和蔬菜。

53. 烤奶酪鳕鱼勃艮第面包片配橙肉

原 料

主料：银鳕鱼；

配料：面包片、橙子肉；

调料：勃艮第酱、盐、葱、姜片、黄酒、胡椒粉。

制 作

1. 银鳕鱼挤水，用盐、葱、姜片、黄酒、胡椒粉腌制10分钟；

2. 鳕鱼放在盘里，放奶酪片，放入烤箱（温度290℃左右）烤5分钟至奶酪起焦黄取出，放另一盘边；

3. 面包片上涂抹勃艮第酱，放入烤箱约1分钟（温度上下各230℃）至边上稍黄即可，取出后，让面包的一角搭在奶酪鳕鱼上，旁边再放橙肉即可。

特 点

中菜西做，口味咸香，与法式大餐有异曲同工之妙。

养 生

消痰开胃的金球（又称橙子），味酸性凉，鲜食具有消痰、降气和中开胃、宽膈健脾、醒酒解渴等功效。因其含有维生素C和P，故有增强毛细管韧性的作用。

志福心得

真正的西式烤面包片、烤鳕鱼，是用西式扒炉烤出来的，色香味十分诱人。

54. 豆酱蒸鳕鱼

原　料

主料：鳕鱼块；

配料：小西红柿、桑葚；

调料：黄豆酱、胡椒粉、葱、姜片、黄酒。

制　作

鳕鱼挤水，用葱、姜片、胡椒粉、黄酒腌制10分钟后取出，上放黄豆酱，放蒸箱大火蒸5分钟至熟取出，放在盘中，旁边入小西红柿、桑葚即可。

特　点

鱼肉鲜嫩，黄豆酱味浓郁。

志福心得

黄豆是世界上公认的高蛋白、低脂肪的植物，经发酵后，食用价值更高，吸收率更好，味道更鲜，用它蒸鱼，那不就鲜上加鲜了吗？看到此菜，你就食欲大开。

55. 日式烤鳕鱼

原　料

　　主料：银鳕鱼；

　　配料：柠檬切花、西红柿、黄瓜；

　　调料：日本豆酱、清酒、白糖、鸡蛋黄、胡椒粉、大葱、姜片。

制　作

　　1．银鳕鱼切厚片，挤水，用日本豆酱、清酒、白糖、鸡蛋黄、胡椒粉、大葱、姜片腌制一夜；

　　2．腌好的银鳕鱼用清水冲去豆酱，轻挤水，放盘里，放进烤炉烤至两面金黄后取出换另一盘，旁边放柠檬、西红柿、黄瓜即可。

特　点

　　鳕鱼外焦香里软嫩，咸鲜，豆酱味浓郁。

养　生

　　西红柿被称为神奇的菜中之果，可消暑解渴，含有大量的维生素C，且不易被破坏，人体利用率很高，比西瓜多十倍，可辅助治疗坏血病、过敏性紫癜、感冒等病症，并且还能促进伤口愈合。特别是番茄素，对肾脏病患者也有益。

志福心得

　　日本豆酱袋装，黄色的，先和银鳕鱼一起腌制，再冲去豆酱，只要其豆香味。

　　此菜是我2008年到上海锦江大酒店从严惠琴大师那里学到的，2009年又到北京盘古七星级酒店美侬吉日餐厅学习半个月，更加了解到日本那里烹饪菜肴基本不用味精、鸡精之类的东西，做出来的菜肴却既好看好吃，又原汁原味。

56. 瑶柱虾球配蒲公英

原　料

　　主料：发好的瑶柱、鲜基围虾剥虾仁；

　　配料：蒲公英；

　　调料：盐、胡椒粉、干面粉、生粉水、 清汤、马蹄丁、蛋清、鸡油。

制　作

　　1．虾仁去肠，洗净后一半剁成茸一半切粒，加盐、胡椒粉、马蹄丁、麻油打上劲，挤成丸子，粘干面粉；

　　2．蛋清搅匀，瑶柱撕成丝，让虾球蘸蛋清后滚上瑶柱上，上屉蒸3分钟，蒸熟后取出；

　　3．蒲公英择洗干净，飞水，控挤汁，放进盘里，上放蒸好的瑶柱虾球；

　　4．锅里放清汤，放盐调好味，勾芡，淋点鸡油浇在虾球上即可。

特　点

　　色泽清心悦目，淡雅适口。

蒲公英是春季的野菜，性寒，味苦甘，归肝、胃经，清热解毒，凉血散结，疏肝通乳，清肝明目，适用于目赤肿痛、乳汁不通、便秘、上呼吸道感染、肺炎、肝炎等症，以及对病毒有抑制作用。

干贝即扇贝的干制品，扇贝也称江瑶柱元贝，属于海洋中的斧足纲。干贝是用贝类中的江珧贝、扇贝和日月贝的闭壳肌肉柱加工干制而成，一般呈短圆柱形，体侧有柱筋，浅黄色，有白霜。

干贝味甘咸、性平，可滋阴补肾，调中开胃。日常食之可滋阴补肾，旺盛气血，且不寒不热，补不滋腻，性质平和，易于消化。用其养生，尤其适于肾阴虚体质、病后体虚、阴血不足以及无病强身者食用。

干贝的制作方法：

1. 将新鲜扇贝洗净后投入沸水，煮熟至贝壳张开，取出冷却，用尖头小刀割下闭壳肌（其余软体部作为副产品另行加工处理）；

2. 把闭壳肌浸泡在冷水中漂洗1小时，剥除表面薄膜，放入预热到80℃的8%的盐水中煮第二遍，根据贝的大小，一般煮10分钟即可，待其收缩后立即取出，用清水洗净，沥去水分；

3. 放于100℃~150℃烤炉中，烘50分钟，至表面水分完全蒸发，再晒干即成。制作时最重要的是掌握煮第二遍的时间，煮得过度，易龟裂破碎，鲜味及营养损失较多，煮得不熟，贝柱中心温度低于100℃，产生硬心的现象，蛋白质未充分凝固而自行分解，与褐变有关的还原糖、氨态氮的含量会增多，而浸入的盐分少，导致日后易出现发霉、褐变现象。

选购干贝以色泽金黄、味道鲜甜、干爽、少盐霜、入口无渣者为佳，色泽老黄至深暗、粒小、不完整的为劣货。

干贝在中国、日本及越南等沿海各国均有分布，其中日本干贝一般体型较大，分宗谷贝及清森贝；宗谷贝味香而浓，清森贝则味淡色浅，质松易见裂痕。

日本干贝的商品规格分为极大（LLL）、较大（LL）、大（L）、中（M）、小（S）、较小（SA）、极小（SAS）七种。

中国干贝以青岛贝为代表，颗粒较细，而安南贝体积更小。两者主要都用来煲粥，但青岛贝较安南贝味道香浓，自用或做汤效果都不错。

干贝的涨发：

将干贝洗净，除去外层老筋，放入容器中，加入上汤、葱姜、胡椒粒、绍酒，上笼蒸上1至2小时，以用手指能捻成丝状为好。也可蒸好后再去干贝老筋，这样蒸出来的粒整、不散碎，因为老筋很坚韧，蒸后也咬不烂，因此应弃之，以防口感不佳。干贝肉味清鲜，因此切勿加入像蚝油等过浓的其他香料，以免干贝失去其珍贵的原汁原味。

57. 黄油煎澳带松茸

原 料

主料：冰鲜澳带，冰鲜松茸；

配料：芦笋；

调料：盐、胡椒粉、白兰地酒、黄油。

制 作

1．冰鲜澳带解冻，吸干水分；

2．不粘锅里放黄油、澳带，撒盐、胡椒粉，溅白兰地酒，煎至两面棕红至熟放入盘里；

3．冰鲜松茸解冻挤水，放入不粘锅，撒盐，煎至两面棕红，放在澳带旁；

4．芦笋一切二，飞水，炒后放在澳带松茸旁即可。

特 点

澳带松茸外咸鲜干香，里软嫩，原汁原味。

养 生

带子有滋阴补肾、消化腹中宿食的作用；松茸具有提高人体免疫力和抗癌的功效。

志福心得

通过将近二十年的厨师从艺之道，自己体会到烹饪越新鲜的食材，手法就要越简单，如此味道也更加鲜美；同时，好的原材料，只用盐调味即可，因为盐是百味之首，盐味到了，鲜美的味道自然而然地就出现了。

58. 金瓜澳带环配蒸酿羊肚菌

原　料

　　主料：澳带、泡发好的羊肚菌；

　　配料：金瓜环、鱼茸；

　　调料：清汤、盐、生粉水、葱、姜片、胡椒粉、黄酒、鸡油。

制　作

　　1．澳带用盐、葱、姜片、胡椒粉腌制15分钟后取出，放入金瓜环里，上屉蒸4分钟，取出控汁，放入盘里；

　　2．羊肚菌洗净，挤干水分，让鱼茸挤进肚里，上屉蒸3分钟，取出控汁，放在澳带旁；

　　3．锅里放清汤、盐调好味，放点鸡油，用生粉水勾玻璃芡，浇在澳带羊肚菌上即可。

特　点

　　色泽悦目，搭配合理，口味咸鲜软嫩。

养　生

　　南瓜具有解毒，保护胃黏膜、帮助消化的作用；羊肚菌具有增强机体免疫力、抗疲劳、抗病菌、辅助抑制肿瘤的作用。

59. 干松茸瑶柱炖冬瓜

原　料

主料：干瑶柱；

配料：**水发**干松茸、冬瓜、油菜心；

调料：盐、大葱、姜片、黄酒、清汤。

制　作

1．干瑶柱洗净，用开水泡，放大葱、姜片、黄酒，蒸20分钟取出，去掉贝筋，放入炖盅，冬瓜飞水同松茸一块放入炖盅；

2．清汤加松茸汁、干贝汁、盐，蒸10分钟取出，放飞水的油菜心即可。

特　点

汤淡黄咸香，海鲜味浓郁。

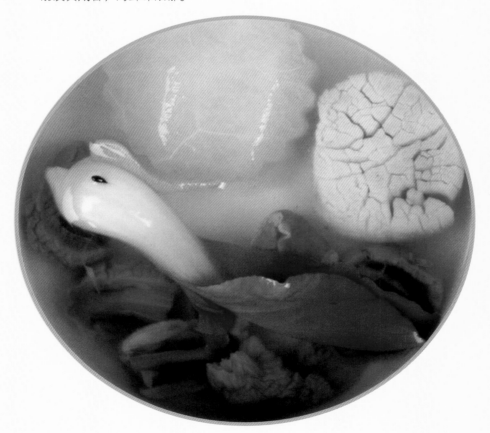

60. 姜醋汁拆蟹肉

原　料

　　主料：膏蟹；

　　配料：黄瓜、南瓜；

　　调料：姜末、米醋、海鲜酱油。

制　作

　　1. 黄瓜刻叶，南瓜刻环蒸熟后放在盘里；

　　2. 膏蟹蒸熟，拆蟹肉放在南瓜环里，蘸姜醋汁即可。

特　点

　　蟹肉鲜美、食用方便。

养　生

　　螃蟹味咸性寒，归肝、胃经，脾胃虚寒者孕妇忌食；死蟹忌食；感冒勿食，皮肤病勿食，腹泻勿食。

志福心得

1. 拆蟹肉、蟹黄在高档宴请中应用广泛，客人吃起来方便，既可以享受美味，又不至于满手都是蟹味，蘸姜醋汁去其寒气，收敛它的通血性，做到食物寒热阴阳互补。

2. 食蟹中毒后，可用紫苏30克，生姜250克煎汁温服，或捣服生姜汁以解毒。

怎样拆蟹肉：

为了丰富菜肴品种，增加菜肴多样化，使菜肴更加丰富，更加鲜美，拆蟹肉也一样，它可以制成许多蟹味菜点。

出蟹肉时，用清水将蟹冲洗干净，放冷水锅里加盖用火烧开，大约十来分钟捞出（壳张开）。也可将蟹用绳拴好蒸熟。熟蟹冷却后用小刀挖出蟹黄，剥开蟹斗，去鳃，刮下蟹黄，将蟹黄肉上的一块脐污剔除，再将肚劈成两片，用竹签剔下蟹肉。最后用剪刀剪去蟹脚，取一小圆棍滚轧，挤出蟹脚中的蟹肉。出完蟹肉后可根据需要，做成菜肴或点心。

拆蟹肉时的注意事项：

1. 蟹必须煮熟，出的蟹肉才能完整结实，如蒸的较嫩（欠火），蟹肉易粘蟹壳，且易碎；

2. 拆蟹肉时要先大后小，即先将整块蟹肚及蟹壳内的蟹黄和蟹肉拆出，然后再拆蟹脚中的蟹肉；

3. 出蟹肉时手必须洗净，所用食具也须消毒，拆出的蟹勿与生鱼虾放在一起，否则不仅串味且易变质；

4. 用蟹肉、蟹粉制作菜肴时，注意用火时间勿过头，不然蟹粉所含的鲜味，因连续高温烹制而挥发掉，致使美味大减。

选蟹烹蟹及食蟹的禁忌：

一、选蟹

1. 适时采购：秋冬之际是一年中吃蟹的最佳时节。古人诗云："九月团脐十月尖，持蟹饮酒菊花天。"团脐指雌蟹，农历九月最宜食之，蟹黄物多；尖脐指雄蟹，农历十月最宜食之，膏满肉肥。

2. 辨别雌雄：通常挑选雌性比雄性好。团脐为雌性，尖脐为雄性，一看便知。雌蟹黄多，雄蟹油满。

3. 辨清肥瘦：重的肥壮，轻的肉少；也可用手指捏按蟹两侧，壳坚者为油丰满的肥蟹，软的则是脱壳不久的瘦蟹。

4. 识别老嫩：背部墨绿发亮、肚脐洁白且突出者为隔年老蟹，老蟹肉多油丰；个体小、体色灰黄、肚脐发黑者是当年或尚未成熟的蟹。

5. 弃死选活：因为死蟹体内的蛋白质结构开始崩解，在弱酸条件下细菌会分解其氨基酸，产生大量有害物质，引起过敏性食物中毒，轻者头晕、胸闷，重者呼吸紧迫，血压下降，有的还导致哮喘、恶心、腹痛、腹泻。

6. 重视品种：从吃蟹的口味角度来品评蟹的档次，总的来说，淡水蟹比海水蟹味更美。古人将蟹由高到低分为五等，分别为湖蟹、江蟹、河蟹、溪蟹、沟蟹。味道最佳者分别是江苏苏州地区的太湖蟹、阳澄湖的"大闸蟹"、江苏的洪泽湖蟹、安徽巢湖的中华绒蟹。

二、烹蟹

烹蟹的方法很多，但是蒸蟹，它的鲜气和美味才会丝毫不失、不同凡响地表现出来。

1. 蒸前捆扎：以免螃蟹上蒸笼后，受热挣扎，将蟹黄挣扎散了，影响味感；

2. 隔水蒸：这样蒸出来的蟹肉香，蟹黄硬而甘，蟹"膏"肥而不腻；

3. 勿用热水：蒸蟹需要用冷水，缓火加热，如一开始便用热水，则蟹爪必掉，影响蟹形；

4. 掌握火候：蟹上笼屉经文火加热后，改用大火连蒸15~20分钟。时间短了不熟，长了又会肉老。

三、食蟹

吃蟹时一般每人面前摆放一碟姜醋汁和一杯水酒。

吃蟹前对蟹应该做到"四除"：

1. 除蟹胃：蟹胃位于蟹壳前半部，即"蟹斗"中一个似三角形骨质小仓，紧连蟹嘴，内有污泥，是致病细菌生殖繁衍的地方；

2. 除蟹肠：蟹肠位于蟹脐中间，呈条状，即蟹胃通到蟹脐的一条黑线，有黑色的污泥和细菌；

3. 除蟹心：蟹心俗称角板，位于蟹黄中间，紧连蟹胃，吃时应细心除去；

4. 除蟹鳃：蟹鳃长在蟹体两侧，形如眉毛，呈现条状排列，是蟹的呼吸器官，带有病菌和污物。

吃蟹还有"七忌"：

1. 忌蒸熟不透（蟹体中常有肺吸虫病菌）；

2. 忌用漆盘；

3. 忌食过量，一般吃两三只恰好，尖脐和团脐搭配而食为佳。

4. 蟹肉性寒，吃多了会寒气侵体，肚痛、脾胃虚寒者尤应引起注意，以免体内积冷，腹痛，腹泻；

5. 某些病人和有过敏史的人忌食（产生较多的胺类物质）；

6. 孕妇忌食（螃蟹有散血功能，特别是蟹爪长于破血，蟹壳偏治淤血，孕妇食后不利）；中医还主张蟹不与柿子同食，甚至将之视为禁忌；

7. 伤风、发烧、胃痛、腹泻、胃炎、十二指肠溃疡、胆囊炎、胆结石、肝炎、哮喘、冠心病、高血压、动脉硬化、高血脂患者，不食或少食。

61. 浓汤酒香石榴包

原　料

主料：拆蟹肉、蟹黄、虾仁；

配料：笋丁、竹荪丁、蛋清皮、香菜梗、盖菜心；

调料：盐、姜末、胡椒粉、生粉水、茅台酒、浓汤、红花汁、葱油。

制　作

1．虾仁切丁上浆，飞水，笋丁、竹荪丁飞水，香菜梗飞水过滤；

2．锅里放葱油、姜末煸香，放蟹肉、蟹黄、虾仁、笋丁、竹荪丁、茅台酒炒香，放胡椒粉、盐调好味，用生粉水勾芡，盛在蛋清皮里，用香菜梗系上，走菜时用蒸箱蒸2分钟取出；

3．锅里的浓汤，加红花汁、盐调好色和味，勾薄芡，浇在盘里，将蒸好的石榴包放在盘里，旁边放飞过水的盖菜心即可。

特　点

色泽明快，石榴包美观，吃起来酒香扑鼻、蟹味浓香鲜美。

志福心得

1．制作蛋清皮时，蛋清加盐，湿生粉过滤，可以使蛋皮摊得匀、细腻；

2．锅要润好，如果润不好，容易粘锅，蛋皮不易揭起；

3．锅里油不要多，锅上粘一点即可；

4．温度不可过高或过低：过高，蛋皮起蜂窝；过低，蛋皮摊不成。

62. 豆茸汁鲜奶贝丝拆蟹肉

原 料

主料：拆膏蟹肉；

配料：蛋清、淡奶油、鲜豌豆、干贝丝；

调料：盐、姜末、清汤、胡椒粉、 生粉水、葱油。

制 作

1．蛋清搅匀，加盐、姜末、胡椒粉、拆膏蟹肉 、干贝丝、生粉水搅匀；

2．鲜豌豆去荚，飞水过凉，去皮打成茸，加清汤、盐、胡椒粉调好味，勾薄芡，淋葱油，放在碗里；

3．锅里放葱油、淡奶油加热后和蟹肉蛋清搅匀，倒进锅里用微火边铲边炒成凝固状，盛在豆茸汁里即可。

特 点

豆茸汁咸鲜清香回甜，芙蓉蟹肉色白味鲜香。

养 生

豌豆味甘性平，归脾、胃经，补中益气，清热解毒，它含有一种酶，可消除体内的致癌物质。

志福心得

淡奶油加热后比凉奶油妙得快、好，易于掌握火候。

63. 虫茸花鱼面

原 料

主料：鱼茸；

配料：虫草花；

调料：清汤、盐、葱姜水、蛋清、干生粉。

制 作

1．鱼茸打成茸，过滤，加盐、葱姜水、蛋清、干生粉打成茸，用裱花袋挤在开水成线状，漂起，捞出放在炖盅里，虫草花放上；

2．清汤加盐、虫草花汁，调好味后盛在鱼面里，放蒸箱蒸3分钟至热取出即可。

特 点

鱼面软嫩，汤清味鲜，菌香味浓郁。

养 生

虫草花是以营养充分的培养基替代替野生虫草的虫体，在培养基上接种优选的天然菌种，然后人工模拟野生虫草的生长环境，使培养基上的虫草菌生长起来，形成虫草子实体，经测定：虫草花含多种氨基酸、微量元素、维生素，还富含野生虫草最有效的成分虫草素、虫草酸、多SOD糖等，可滋肺补肾，护肝养颜。

64. 剁椒水煮鱼

原 料

主料：活鳜鱼；

配料：玉米笋、油菜帮；

调料：盐、胡椒粉、葱段、姜片、蒜片、剁辣椒、阳羌豆豉、白糖、蛋清、干生粉、葱油。

制 作

1．活鳜鱼放血，宰杀，取肉，切片，用盐、胡椒粉、蛋清、干生粉上厚浆，放进开水里氽熟，捞出控汁，放入盘里；

2．锅里放葱油、蒜片、葱段、姜片，煸香，放剁椒、白糖、胡椒粉、豆豉调好味，浇在鱼片上；

3．玉米笋、油菜帮飞水，加盐炒后放在剁椒鱼片旁即可。

特 点

鱼肉鲜嫩，剁椒咸香微辣。

志福心得

我觉得，水煮鱼的鱼片一不能太厚或太薄，3厘米左右合适，二是码味要足，比上浆的鱼片味重一半，因鱼片是一次性调味，而且飞水后盐味会流失掉一部分。飞水时要注意，待水开后，把火关小，鱼片用手撒在开水锅里，水再次开后，晃锅稍浸（即鱼片稍微有点漂浮感，不紧贴锅底，约有六七成熟即可），马上倒出控水，不可长时间煮，以免煮熟后的鱼片容易碎。

65. 石耳鱼丸汤

原 料

主料：石耳；

配料：鱼茸（新鲜的净鱼肉500克、葱姜水500克、盐20克、鸡蛋清100克、干生粉50克、猪油40克，以上原料用搅拌机打茸混合一块即可）；

调料：盐、胡椒粉、大姜片、大葱段、黄酒。

制 作

1. 石耳先挑去头发及杂物，泡发，去硬的及根蒂部，漂洗，飞水，放入盆中，加大姜、黄酒、大葱段，滤汁，放入炖盅；

2. 清汤加盐、胡椒粉调好味，盛在石耳盅里；

3. 鱼茸挤成鱼丸，上火氽至熟，捞出放在石耳盅里即可。

特 点

黑白反差大，石耳软嫩，鱼丸清鲜，色泽明快。

养 生

石耳性甘味平，具有清肺热、养胃阴、滋肾水、明目化痰、益气活血、补脑强心，近代研究有明显抗癌作用。石耳以止血为优，地耳以明目为长，木耳以养阴为佳。

志福心得

凡香蕈感阴湿的菌类，制作时就多配生姜，因为姜能去冷气，去异味，加姜后味道更鲜美，也更养人。

66. 菠汁银耳鱼丸

原 料

主料：鱼茸；

配料：银耳、菠菜汁、熟蟹黄；

调料：盐、清汤、大葱、姜片、黄酒、葱姜水、蛋清、生粉水。

制 作

1. 鱼茸加盐、蛋清、葱姜水、生粉水，制成鱼丸茸；

2. 银耳泡发洗净，切丝，放大葱、姜片、黄酒蒸至软糯，控汁放凉，同鱼茸拌匀挤成丸子，放蒸箱蒸4分钟至熟取出；

3. 菠菜汁加清汤，放盐调好味，用生粉水勾薄芡，盛在深盘里，中间放银耳鱼丸，上放熟蟹黄即可。

特 点

鱼丸软嫩清鲜，色泽淡雅。

养 生

菠菜味甘性凉，敛阴润燥，活血通肠，利五脏，调中气，止烦渴。适和便秘、高血压、糖尿病患者食用，有抗菌、降低胆固醇、抗癌及预防老年痴呆的作用。

菠菜是通便清热的长青菜，阿拉伯人曾将它列为"蔬中之王"。菠菜的可贵之处：一是由于菠菜细胞内原生胶质度比较大，一般低温下，水分不易渗透到细胞间隙内结冰，故而它能耐低温；二是菠菜熟后，其性平和，有通二便、清积热，促进肠胃时运和胰腺分泌、帮助消化吸收的作用；三是菠菜熟后易吸收，特别适合老、幼、病、弱者食。

67. 金针年糕烩鳜鱼

原　料

　　主料： 活鳜鱼；

　　配料： 金针菇、年糕片、莴笋丁；

　　调料： 盐、胡椒粉、大葱、姜片、淡奶油、生粉水、黄油、黄酒、干葱碎、香菜末、浓汤、白兰地酒。

制　作

　　1．活鳜鱼宰杀后取净肉一块，放盐、胡椒粉、黄酒、大葱、姜片，大火蒸4分钟取出，放在盘里；

　　2．金针菇、年糕片飞水；

　　3．锅里放黄油、干葱煸香，溅白兰地酒，放浓汤、淡奶油、盐、胡椒粉、金针菇、年糕稍烧，调好味，放香菜末，盛在蒸好的鱼肉上，旁边放飞水的莴笋丁即可。

特　点

　　鱼肉鲜嫩，汤汁洁白，口味咸鲜，奶香味浓郁。

68. 金银蒜蒸拆骨鱼头

原　料

主料：鱼头；

配料：蜜豆、胡萝卜条；

调料：炸蒜茸、蒜末、盐、鱼露、胡椒粉、香油。

制　作

1．鱼头一破为二，刮洗净，放在开水锅里，小火浸6分钟后，捞出放在冰水里稍漂，鱼头凉后拆净大小骨，放在盘里；

2．炸蒜茸、蒜末按1∶1的比例放在一块，加盐、鱼露、胡椒粉、香油调匀放在鱼头上，蒸3分钟至热取出，撒香葱花，浇热油；

3．胡萝卜、蜜豆飞水后，放在鱼头旁边即可。

特　点

鱼头软嫩清鲜，蒜香味浓郁。

养　生

"鲢鱼肚子鳜鱼花，湖畔渔家菜可夸。美味只需桌上看，胖头脑袋鲤鱼杂。"胖头即鳙鱼，李时珍认为，鳙之美在头，因头部脑髓含量很高，鱼头肉味美。鳙鱼味甘性温，归胃经，暖胃补虚，用于脾胃虚寒、脘腹疼痛，去头眩，益脑髓，老人痰喘宜之。

69. 蒜茸芦笋爆蜇头配槐花竹虫

原 料

主料：海蜇头；

配料：芦笋、蒸好的槐花、炸竹虫；

调料：蒜茸、蒜泥、盐、生粉水、胡椒粉、香油。

制 作

1．海蜇头片成大片，用水漂去盐味，用50℃水过一下，再用毛巾吸干水分，芦笋飞水；

2．锅里放色拉油、蒜茸爆香，放芦笋、盐、胡椒粉、被吸干水分的蜇头，用生粉水勾芡，大火快速翻匀，淋香油出锅装盘；

3．蒸好的槐花放蒜泥、香油，拌匀，调好味，放在蜇头旁边，炸竹虫放在槐花上即可。

特 点

清爽利口，蒜香味浓郁。

养 生

海蜇味甘咸，性平，归肝、肾经，清热化痰，消积化滞，润肠通便，对高血压有疗效。

槐花的制作：

槐花择洗干净，挤干水分，1斤槐花放6两干面粉拌匀，大火蒸4分钟后取出，拌蒜泥、香油（蒜泥捣时要加盐，以增加黏稠度），拌匀即可。

槐花性凉味甜，在5月份开花，到山林或农村采摘，如果天气晴朗，最多5天就凋谢了。因为性凉，所以要加蒜泥温之，加芝麻油润之，既可享受美味，又能去肝火，加蒜可防止因吃槐花引起的过敏不适症。

70. 剁椒拆骨鱼头

原 料

　　主料：鱼头；

　　调料：剁辣椒、小姜片、蒜片、葱油、阳羌豆豉、白糖、胡椒粉、花椒、黄酒、香葱花。

制 作

　　1．鱼头一剖二，锅里放水，烧开，关火，放在开水里浸6分钟至熟，捞出放在冰水盆里稍漂，拆骨，放在盘里成原形；

　　2．锅里放葱油，炸花椒捞出，放姜、蒜片煸香，放剁椒、白糖、胡椒粉、阳羌豆豉调好味拌匀，放在鱼头上，蒸4分钟后取出，撒香葱花，浇热油即可。

特 点

　　鱼肉鲜嫩，咸香微辣。

养 生

　　豆豉，李时珍赞誉它"香美绝胜也"。唐代人皮日休也曾赞扬道："金醴可醋畅，玉豉堪咀嚼。"它有助消化、防疾病、减缓老化、增强脑力、提高肝脏解毒功能、消除疲劳、预防癌症等功效。

71. 菠萝鱼片

原　料

主料：鲜鳜鱼肉；

配料：鲜菠萝肉；

调料：盐、白糖、葱姜胡椒粉水、生粉水、鸡蛋清。

制　作

1．鲜鱼肉洗净，顺刀片成片，漂血水，吸水分；

2．鱼片里放盐、一点葱姜胡椒水抓上劲，放鸡蛋清、生粉水抓匀，鱼片上封油；

3．鲜菠萝切片，用淡盐水浸泡；

4．锅洗净，放清油，烧至三成热，放鱼片轻轻滑开，放菠萝，稍拉油，倒进漏勺控油；

5．锅洗净，放点葱姜胡椒水、盐、一丁点白糖，尝好味，用生粉水勾玻璃芡，放鱼片和菠萝片，轻翻匀，淋明油出锅装盘即可。

特　点

鱼片滑嫩，菠萝清鲜，有浓郁的果香味。

养　生

菠萝味甘涩，性平，止渴解烦，醒酒益气，补中悦泽，消食止泻，健脾开胃，利尿通便。对于肾炎、高血压、支气管炎等症有辅助疗效。

※值得一提的是，鲜菠萝肉一定要用淡盐水泡一下，预防菠萝过敏。※

72. 红花汁鹿唇

原 料

主料：鲜鹿唇；

配料：胡萝卜、冬瓜；

调料：浓汤、藏红花、浓葱油、盐、白糖、生粉水、清汤。

制 作

1．整个鲜鹿唇先用烧开的清水、二锅头浸泡，再用流水冲一夜；第二天用葱、姜、胡椒粒、黄酒烧开浸泡，再冲一夜；第三天用白萝卜、苹果、丁香几个、黄酒烧开浸泡，再冲一夜；至此变软，腥臊味很小，不收缩了，改刀成长方块，用浓汤、浓葱姜油、盐、白糖煨制，挑出先软糯的，至挑完为止。再用原汁浸泡，用时蒸一下即可；

2．胡萝卜刻成葫芦状，镂空，冬瓜去皮，刻成金钱状，先飞水，再用清汤煨制软嫩取出；

3．浓汤加盐、红花汁、浓葱油、白糖调好浓香咸鲜味（白糖起调鲜味），用生粉水勾芡，先往热砂煲里盛一点汁，然后放鹿唇块、葫芦、金钱，再用红花汁浇在鹿唇、葫芦、金钱上即可。最后把砂煲放在酒精炉上（夏天不用，冬天用。以免汤太浓，凉后汤和鹿唇凝 固，因为含胶原蛋白多），即可上桌食用。

特 点

色泽浅黄、口味浓香，改变了以往以红烧、干烧单一的烹调做法。

养 生

藏红花味辛性温，归肝、心经，活血通经，消肿止痛，用于闭经、痛经、产后淤血腹痛、疼肿、跌打损伤等症。孕妇及月经过多者忌用。

　　鹿肉味甘，性温，壮阳益精，补脾胃，调血脉，益气血，治肾虚、体弱、精少、健忘、乏力、经少及五脏虚弱所致的诸症。而鹿唇主治甲状腺肿大，功效同上。鹿肉忌与雉肉、虾肉同食，夏季少食，阳盛内热者忌食。

※此菜荣获第五届全国烹饪技术大赛赛区金奖第一名。这道菜是经大董烤鸭店董事长董振祥师父的指点而创作的。※

73. 竹荪红枣扒驴鞭

原　料

主料：冰鲜驴鞭；

配料：竹荪段、蒸红枣、油菜心；

调料：盐、浓汤、藏红花汁、胡椒粉、
白糖、生粉水、浓葱油、大葱、姜片、黄酒、胡萝卜、苹果、洋葱、芹菜。

制　作

1．鲜驴鞭解冻，飞水；

2．锅里放水、大葱、姜片、胡萝卜、苹果、驴鞭、黄酒、洋葱、芹菜，开锅后煮2小时取出，过凉，撕去筋膜，鞭肉剞梳子刀；

3．砂锅放大葱、姜片、黄酒、开水、驴鞭花、盐、胡椒粉煨至入味，软嫩，捞出放盘里；

4．竹荪飞水、挤水、放在盘子的边上，蒸红枣放鞭旁，菜心飞水也放在盘子的边上；

5．锅里放浓汤、盐、藏红花汁、白糖调好味，再放浓葱油，用生粉水勾芡，浇在原料上即可。

特　点

色泽金黄，原料软嫩咸鲜，滋补性强。

养　生

驴鞭味甘咸，性温，益肾强身，生精提神。俗话说："天上龙肉，地上驴肉，要长寿，吃驴肉。"而驴鞭也是本草书中公认的补肾保健上品。

74. 浓汤核桃狗肉配韭汁面

原　料

　　主料：老汤狗肉；

　　配料：冰鲜核桃、韭汁面条；

　　调料：盐、白糖、藏红花汁、浓汤、生粉水、葱油。

制　作

　　1．韭汁面条用开水煮熟后捞出，过凉开水，放在盘里；

　　2．老汤狗肉煮熟后拆骨，用重物压成形，切块，上屉蒸熟后放在面条上，旁边放飞过水的鲜核桃仁、冬瓜钱以及用胡萝卜刻的葫芦；

　　3．锅里放浓汤、盐、白糖、藏红花汁，调好味，用生粉水勾芡，浇在核桃狗肉韭汁面上即可。

特　点

　　狗肉软嫩咸鲜，补肾阳，适合冬季食用。

养　生

　　狗肉味咸酸，性温，归脾、胃经。补中益气，温肾助阳，暖腰膝，益血脉，填精髓，通肠胃，治脾胃虚寒，胸腹胀满，腰膝酸软，败疮不愈。热性病、痰火症、痢疾及阴虚火旺者忌食；食狗肉后忌饮浓茶，勿与杏仁、大蒜同食。

　　常言道：吃狗肉，喝烧酒，气得医生满街走；地上的走兽，香不过狗肉；狗肉锅里滚几滚，神仙见了站不稳。

志福心得

　　老汤狗肉拆骨后切块烧，也可切片涮着吃，如花江狗肉，涮后蘸调料吃。

75. 酱牛尾配红花汁炒饭

原 料

主料：酱牛尾；

配料：杏鲍菇丁、大米、油菜心、四川腊肠丁、西红柿；

调料：盐、干葱碎、藏红花汁、葱油、黄油、胡椒粉。

制 作

1．大米洗净，加藏红花汁蒸至金黄至熟，用黄油、干葱碎、杏鲍菇丁（拉油）、四川腊肠、盐、胡椒粉炒成饭，用模具定型，放在盘里，上放西红柿片；

2．酱牛尾拆骨，用香菜梗系上，蒸热取出，放在盘里，上浇藏红花汁；

3．油菜心飞水，放在牛尾旁即可。

特 点

酱牛尾软嫩浓香，藏红花汁金黄咸鲜。

76. 松仁玉米配黑椒牛柳

原　料

主料：牛里脊；

配料：玉米粒、青豌豆、炸松仁；

调料：盐、胡椒粉、葱油、蚝油、锦珍老抽、黑胡椒碎、黄油、红酒、鸡蛋液、生粉水、二汤。

制　作

1. 玉米粒、豌豆飞水，用盐炒后装盘，撒炸松仁；

2. 牛里脊顶刀切条，漂血水，控水，吸水，用蚝油、锦珍老抽、鸡蛋液、湿生粉上浆，拉油至六成熟；

3. 锅里放黄油、黑胡椒碎、干葱碎煸香，溅红酒，放牛柳、二汤、盐、白糖、锦珍老抽调好味，用生粉水勾芡，盛在玉米粒上即可。

特　点

牛柳软嫩微辣，黑椒味浓郁，玉米粒清脆。

养　生

牛肉味甘性温，归脾、胃经，补益气血，强壮筋骨，健脾养胃。脾胃者，后天气血之本，补此则无不补矣。

77. 姜醋汁油麦牛腱

原料

主料：酱牛腱子；

配料：油麦菜；

调料：姜末、东古酱油、米醋、香油。

制作

1. 酱牛腱子切厚片，上屉蒸热，放在盘里；

2. 油麦菜择洗净，切段，飞水，放在盘里；

3. 姜末、东古酱油、米醋、香油、开水一点，拌匀调味，倒在牛腱子上即可。

特点

清鲜利口，搭配合理，牛肉软烂。

养生

姜味辛辣，性温，驱寒发表，调胃止呕，开胃解毒，化痰止咳，对风寒感冒、胃寒呕吐、寒疼喘咳等有特效。常言道："朝食三片姜，犹如人参汤；四季常吃姜，百病一扫光。"

78. 宫保牛仔骨

原 料

主料：牛仔骨；

配料：大葱、炸腰果、杏鲍菇丁、荷兰豆丝；

调料：锦珍老抽、花椒、干辣椒节、米醋、白糖、胡椒粉、浓葱油、黄酒、生粉水、蒜片。

制 作

1．牛仔骨，泡血水，吸干水分，用酱汤浸约3小时，取出后切拇指大的丁；

2．杏鲍菇丁拉油，控净油；

3．碗里放米醋、老抽、白糖、胡椒粉、黄酒、生粉水对碗汁；

4．锅里放葱油、花椒、干辣椒节炸至棕红，速放大葱丁煸香，放酱牛肉丁、杏鲍菇丁稍煸，速烹碗汁翻匀，放炸腰果，盛在盘里；

5．旁边放飞水后炒制的荷兰豆丝即可。

特 点

用宫保鸡丁的味汁烹制酱牛仔骨丁，口感软嫩、咸鲜、微甜、微酸、微辣，色泽棕红亮丽。

志福心得

在西餐店吃牛扒，它的上面刷酸甜味汁，回来后想改成宫保味可能效果更好，回来一试，果然不错，比牛扒吃着方便，口味又特别香浓。

79. 孜然烤新西兰羊排

原　料

主料：新西兰羊排；

配料：铁棍山药、芦笋、胡萝卜；

调料：孜然、干辣椒、盐、东古酱油、锦珍老抽、白糖、胡椒粉、大葱、姜片、香菜根、黄酒。

制　作

1．羊排漂血水，飞水；

2．锅里放油、大葱、姜片、香菜根煸香，放孜然、干辣椒，炒出香味后放二汤、飞水的羊排，放锦珍老抽、东古酱油、黄酒、盐、白糖、胡椒粉，烧1.5~2小时到软嫩，出锅放在垫有锡纸的烤盘里，放入280℃烤箱里烤2分钟后，取出切块，放在盘里，浇孜然辣椒面油；

3．山药洗净去皮，胡萝卜洗净去皮，蒸30分钟至熟，改刀，放在羊排旁，芦笋稍炒，放在盘里即可。

特　点

荤素搭配合理，羊排软嫩、咸鲜微辣，孜然味浓郁。

养　生

山药味甘性温，归脾、肺、肾经，补脾益胃，益肺补肾，助五脏，强筋骨，长志安神，主治泄精健忘。山药以河南焦作怀庆者为佳，药性强，口感面而甜，粉质足，黏液少，粗细如拇指，单根不超过200克。

志福心得

这道菜也可用本地羊排，剁成大块，用孜然烧着吃，效果也特别好。

80. 孜然羊肉片配马齿苋

原　料

主料：羊里脊；

配料：香菜段、马齿苋；

调料：蚝油、锦珍老抽、盐、胡椒粉、孜然、辣椒面、生粉水、鸡蛋液、葱油。

制　作

1．羊里脊，漂血水，挤水，用蚝油、锦珍老抽、盐、味精、胡椒粉、鸡蛋液、生粉水上浆，稍厚的用七成热的油稍炸，控油；

2．锅里放葱油、孜然煸香，放辣椒面、羊肉片翻匀，放香菜段翻匀，装在盘里；

3．马齿苋择洗净，飞水，挤汁，放盐炒后放在孜然羊肉片旁即可。

特　点

此菜由炸孜然羊肉串改良而来，孜然味浓郁，羊肉软嫩咸香。

养　生

孜然有利尿、消食的作用，含钙、锌、蛋白质及不饱和脂肪酸，有利于毒素的排出，降低羊肉的热性。

马齿苋又叫长命菜，性寒味酸，清热解毒，散血消肿，抗菌止痢，宽中下气，对于肠炎、痢疾、淋巴结核、肺结核等症有辅助治疗的作用。

81. 红薯秆炒风鸡丝配鲜奶虾仁

原 料

主料：风鸡、虾仁；

配料：红薯秆；

调料：盐、淡奶油、蛋清、姜末、香葱段、生粉水。

制 作

1．风鸡整只上蒸箱蒸30分钟，取出去皮，把鸡腿肉撕成丝，红薯秆拆段去皮飞水；

2．锅里放葱油，用葱段炝锅，放鸡丝、红薯秆、盐煸炒，盛在盘里；

3．淡奶油和蛋清1：1兑好，放盐、姜末；

4．虾仁挑虾肠，洗净，吸水分，用盐、蛋清、生粉上浆，拉油，放在牛奶蛋清里，用不粘锅炒至凝固，盛在鸡丝红薯秆上即可。

特 点

色泽悦目，口味搭配合理，咸鲜软滑，嫩香。

养 生

红薯杆，红薯生长叶茎，叶可以做豆腐红薯叶汤，茎可以折断去皮炒至清鲜脆嫩，具有浓郁的农家风味。同风鸡丝搭配，调节人体酸碱平衡。

82. 藏红鸡豆花

原 料

主料：鸡胸肉；

配料：藏红花；

调料：清汤、蛋清、湿生粉、葱姜水。

制 作

1. 鸡胸肉用机器打成茸，过滤，加盐、葱姜水，边加边搅至糊状，加湿生粉；

2. 锅里放清水，烧开，倒进鸡糊，开中火，让鸡糊慢慢漂起；

3. 锅里放清汤，加盐调味，盛入炖盅，让漂起的鸡糊用细滤捞起放在清汤炖盅里，上放藏红花，蒸15分钟后取出即可。

特 点

鸡糊形如豆花，色泽洁白，根据清鸡汤的鸡糊演变而来。

养 生

雄鸡性属阳，温补作用强，适合阳虚气弱者食用；雌鸡性属阴，适合产妇、年老体弱及病体虚者食用。滋补以母鸡为好，而又以乌鸡更好。

湖北是楚国的发源地之一，楚人以凤凰作为自己的图腾，认为凤凰是吉祥的象征，凤凰是怎样演变而来的呢？在民间传说中，鸡有五德，即文、武、勇、仁、信，鸡是文武兼备、勇敢仁义又可信赖的动物，有"德禽"之雅称，受到百鸟的推崇敬佩，为了表达自己的敬意，百鸟将自己身上最漂亮的羽毛摘下给鸡，鸡就变成了凤凰，这就是百鸟朝凤的佳话。

83. 孜然鸡槌配爽口荆芥

原料

主料：鸡翅中；

配料：荆芥、红椒米；

调料：盐、干生粉、孜然、辣椒面、葱油、香油、东古酱油、米醋、料酒、大葱、姜片。

制作

1. 鸡翅中脱骨，一头连一点肉，用盐、料酒、大葱、姜片稍拍，抓匀，稍腌，用鸡槌拍干生粉，放在六成热的油锅里炸至金黄，外酥里嫩，捞出控油；

2. 锅里放葱油、孜然煸香，放红椒米、鸡槌，撒辣椒面，翻匀，盛在盘里；

3. 荆芥择洗干净，控水，用香油拌匀，放东古酱油、米醋拌匀，放在鸡翅的旁边即可。

特点

鸡槌色泽金黄，外酥里嫩，孜然味浓郁，荆芥碧绿，清爽利口。

养生

荆芥味辛，性微温，归肺、肝经，解表散风，透疹止痒，散淤止血。本品含有挥发油，能使汗腺分泌旺盛，并有解痉挛的作用。

84. 酱腔骨配干煸茶树菇

原 料

主料：酱腔骨；

配料：鲜茶树菇、香葱、香菜段；

调料：盐、干辣椒丝、花椒。

制 作

1．酱腔骨酱好后放在盘里；

2．鲜茶树菇剪成段，用油炸至软嫩，变成深褐色，倒出控油；

3．锅里留余油，放花椒炸香，捞出，放干辣椒丝炸至棕红，放茶树菇、盐翻匀，放香葱香菜段翻匀，盛在酱腔骨旁即可。

特 点

酱腔骨软嫩，酱香味浓郁；干茶菇软嫩，干香微辣。

85. 榛蘑烧肉配西红柿

原 料

主料：猪五花肉；

配料：发好的榛蘑、烫后去皮的西红柿、丝瓜尖；

调料：盐、冰糖、加饭酒、大料、花椒、草蔻、豆蔻、陈皮、砂仁、草果、桂皮、大葱、姜片、锦珍老抽、生粉水。

制 作

1. 猪五花肉刮净毛，切丁，用水漂去血水，飞水，干笋切丁；

2. 锅里放点水、冰糖，熬成棕色，放五花肉、加饭酒和开水（1∶1）、香料、大葱、姜片，烧开，小火烧3个小时至软糯，挑去香料、大葱、姜片，放榛蘑，烧10分钟，用生粉水勾薄芡，盛在盘里，旁边放一切二的西红柿和飞水后炒制的丝瓜尖即可。

特 点

红烧肉软糯浓香，色泽红亮，肉香、榛蘑香，肥而不腻。

养 生

猪肉味甘性平，归脾、胃、肾经，滋阴润燥生津止渴。苏东坡的《猪肉颂》诗曰：黄州好猪肉，价贱如粪土，富者不肯吃，贫者不解煮。慢着火，少着水，火候足时它自美。每日早来打一碗，饱得自家君莫管。

志福心得

红烧肉关键是火候，用砂锅炖约3小时，再就是冰糖和大量的加饭酒，基本是酒和水1∶1来炖，成品色泽红亮、软糯，肥而不腻，入口即化。

86. 小笼粉蒸金瓜肉

原 料
主料：猪五花肉；

配料：小金瓜、炒米粉；

调料：豆瓣酱、葱姜蒜末、白糖、花椒粉、锦珍老抽、香葱花、香油、醪糟汁。

制 作
1. 猪五花肉切片，小金瓜洗净，切小块，豆瓣酱剁细同肉片放在一起，放葱姜末、白糖、锦珍老抽一点、花椒粉、醪糟汁抓匀，上劲，放炒米粉、金瓜拌匀，放置一夜；

2. 放入垫有荷叶的小笼里蒸90分钟，取出，撒香葱花，淋香油即可。

特 点
肉、金瓜软嫩，咸鲜，微辣，米粉味浓香。

养 生
南瓜又叫倭瓜，原产热带，生命力极强。其味甘，性温无毒，具有补中益气功效，可以辅助治疗各种疾病。特别是胡萝卜素（维生素A）的含量居瓜类之冠。

87. 姜醋汁拆骨蹄花

原　料

主料：拆骨猪蹄；

配料：蒲公英；

调料：姜末、米醋、东古酱油、盐、香油。

制　作

1．蒲公英择洗干净，飞水，挤汁，放入盘里；

2．拆骨猪蹄切块，放入蒸箱蒸热，放在蒲公英上；

3．姜末同米醋、东古酱油、盐、一点开水、香油，调成味汁，浇在猪蹄上即可。

特　点

热猪蹄清爽利口，不腻，有点吃蟹的感觉。

志福心得

猪蹄泡水，飞水，烧毛，刮净，再飞水，放进酱汤小火煮3个小时至软烂，捞出，拆骨，放在小深托盘（不锈钢盘垫保鲜膜），压至定型，用时切块。用做凉菜时切成片或切丁，拌泡菜、泡椒即可。

88. 番茄黄豆炖猪蹄

原　料

主料：猪蹄；

配料：黄豆、小番茄、百合、青蒜丁；

调料：盐、大葱、姜片、黄酒。

制　作

1．猪蹄烧毛，刮洗净，一剁六块，漂血水，飞水，同泡黄豆、大葱、姜片、黄酒，放在砂锅里煲3个小时后关火；

2．小番茄烫后去皮切片，百合、青蒜丁飞水；

3．猪蹄捞出去骨放盅里，然后打去油，捞出葱姜，放盐调好味，盛在盅里，上面放飞水的百合、青蒜丁、西红柿片，浇上黄豆猪蹄汁即可。

特　点

汤汁浓白，味咸香，猪蹄软嫩。

养　生

"百合药用鳞茎瓣，淡黄片状边皱卷，内面纵脉半透明，润肺清心并安神。"对百合的药用、形状及功效，用歌诀的手法进行了概括，起提纲挈领、加深记忆的作用。百合味甘性微寒，入心、肺经，润肺止咳，清心安神，用于肺燥及热病后余热未清、虚烦惊悸、神志恍惚等症。猪蹄也有安神的作用，因含有不完全胶原蛋白，因此用黄豆增加蛋白质及安神的功效。

89. 云耳蟹柳扒糯米鸭

原 料

主料：鸭脯肉；

配料：水发云耳、蟹柳、马蹄丁、香菇丁、冬笋丁、荷叶、蒸熟的糯米；

调料：葱姜蒜末、清汤、盐、白糖、海鲜酱、蚝油、锦珍老抽、胡椒粉、生粉水、葱油、黄酒。

制 作

1．鸭脯切丁，漂血水，飞水，马蹄丁，冬笋丁，飞水；

2．锅里放葱油、葱姜蒜末煸香，放鸭脯丁，溅黄酒，放蚝油、海鲜酱、锦珍老抽炒香，放马蹄丁、香菇丁、冬笋丁和蒸好的糯米拌匀，用荷叶包好，蒸30分钟后取出，剥去荷叶，放在盘里；

3．云耳飞水，蟹柳切菱形丁；

4．锅里放清汤、盐、云耳、蟹柳调好味，用生粉水勾芡，浇在糯米鸭上即可。

特 点

糯米鸭海鲜味浓郁，咸鲜回甜。

养 生

鸭肉味甘咸，性微寒，滋阴养胃，润肺益气，利水消肿，适宜于体内有热的病症。常言道：九雁十八鸭，吃不过青头老鸭。

90. 松茸冬虫柴把鸭

原　料

　　主料：盐水鸭；

　　配料：冬虫夏草、冰鲜松茸、冬笋条、香菇条、油菜心、香菜梗；

　　调料：盐、清汤。

制　作

　　1．盐水鸭去骨留肉切条，冬虫夏草洗净蒸软嫩；

　　2．冬笋条、香菜梗、油菜心飞水，冰鲜松茸化冻切片，加开水蒸15分钟；

　　3．鸭条、冬笋条、香菇条，用香菜梗捆上，蒸热放在炖盅里，松茸片和油菜心放在炖盅里；

　　4．清汤放松茸汁、冬虫夏草汁、盐调好味，盛在炖盅里即可。

特　点

　　汤清味鲜，菌香味浓郁，鸭条形同柴把。

养　生

　　松茸是一种高档的菌，功效很多，据食品研究院研究，有些成分不宜被吸收，和香菇、茶树菇、灵芝菇、蘑菇差不多，因此，食客不要一味追求高档，还是平民化些好。

91. 灰灰菜鸭卷配鱼茸藕饼

原　料

　　主料：雪菜鸭卷、鱼茸藕饼；
　　配料：灰灰菜(野菜)；
　　调料：清汤、盐、鸡油、生粉水。

制　作

　　1．灰灰菜飞水，控挤水，放在盘里；
　　2．雪菜鸭卷蒸3分钟至熟取出，放在盘里；
　　3．鱼茸藕饼放在开水里汆熟捞出，放在鸭卷旁边即可；
　　4．锅里放清汤、盐、鸡油调好味，用生粉水勾玻璃芡，浇在鸭卷藕片上即可。

特　点

　　色泽淡雅隽秀，咸鲜软嫩清亮。

志福心得

　　雪菜鸭卷的制作：
　　1．让雪菜洗一下盐味，挤水，切碎，加葱姜末、胡椒粉、味精、一点香油拌匀；
　　2．鸭肉切片，洗血水，挤去水分，用盐、胡椒粉、蛋清、干生粉上薄浆；
　　3．浆鸭片并排放在砧板上，放点雪菜末，卷起，即可。

　　鱼茸藕饼的制作：
　　1．漂洗的鲢鱼肉打成茸，加盐、蛋清、生粉、葱姜胡椒粉水，制成茸；
　　2．藕去皮切成薄片，洗净，飞水、过凉、吸干水分，沾面粉，沾鱼茸，放入开水汆熟即可。

92. 清汤炖鲜菌

原 料

主料：冰鲜松茸；

配料：鲜白玉菇、水发竹荪、小油菜心；

调料：清汤、盐。

制 作

1. 冰鲜松茸去根切片，水发竹荪切段，白玉菇去根，均放在炖盅里；

2. 清汤加盐调味，盛在鲜菌盅里，蒸半小时取出，放飞水的小油菜心即可。

特 点

汤清味香，鲜滑软嫩，松茸味浓郁。

93. 鲍汁扒灵芝菇配手剥笋

原　料

主料：灵芝菇；

配料：手剥笋；

调料：鲍汁、锦珍老抽、冰糖、浓葱油、生粉水、蚝油、黄油、大葱、姜片。

制　作

1．灵芝菇用二遍鲍汁的原料，加蚝油、盐、黄酒、大葱、姜片煲24小时，捞出改刀，放在盘里：

2．鲍汁加锦珍老抽、盐、葱油调好味和色，用生粉水勾芡，浇在灵芝菇上，旁边配手剥笋点缀即可。

特　点

灵芝菇口感如鲍鱼，色泽棕红，味道咸鲜浓香。

养　生

灵芝菇对增强人体免疫力、降血压、降血脂、降胆固醇、杀菌、镇咳、消炎及防治妇科肿瘤等有一定辅助疗效。

志福心得

鲜灵芝菇直接改刀用鸡汤烧，菌香味也很浓，再加点青蒜或香葱调色、调味，味道更加鲜美。

94. 浓汤扒鲜猴头菇配紫背天葵炒榛蘑

原　料

主料：冰鲜猴头菇；

配料：紫背天葵、发好的榛蘑、胡萝卜丁；

调料：大葱、姜片、浓汤、盐、白糖、藏红花汁、生粉水、浓葱油。

制　作

1. 冰鲜猴头菇用大葱、姜片、浓汤煨20分钟，取出挤汁，放入盘里；

2. 浓汤加盐、胡椒粉、白糖调好味，放点藏红花汁、葱油，勾芡，浇在猴头菇上，旁边放用汤煨过的胡萝卜丁；

3. 紫背天葵择洗净，飞水，挤汁，同发好的榛蘑用油炒后倒出挤汁，放在猴头菇旁即可。

特　点

金黄发亮的浓汤配黑褐色的紫背天葵和榛蘑，色泽反差大，给人耳目一新的感觉，猴头菇对头发有很好的呵护作用，能增强免疫力，有利于手术后的愈合。

养　生

猴头菇味甘性平，健脾和胃，温中益气，利五脏，助消化，适合于胃溃疡、十二指肠溃疡和神经衰弱等患者食用，对胃癌、食道癌、消化系统恶性肿瘤等病症，有辅助治疗作用，还具有改善肝功能的作用。

榛蘑的发制：

先剪去榛蘑的根，用凉水漂软，捞出挤去水分，用淀粉抓匀，冲洗净泥沙，挤干水分，放大葱、姜片、胡椒粉、鸡油、黄酒蒸30分钟取出即可。

95. 奶酪烤口蘑土豆

原　料
　　主料：鲜口蘑丁、土豆丁；
　　配料：胡萝卜丁；
　　调料：盐、百里香、淡奶油、蒜茸辣椒酱、奶酪、黄油、薄荷叶、香葱、白兰地酒、干葱末。

制　作
　　锅里放黄油、干葱末、口蘑丁、土豆丁、胡萝卜稍炒，溅白兰地酒，放百里香、盐、淡奶油，小火烧6分钟至土豆软嫩，出锅，盛在贝壳盘里上，放上奶酪片，入290℃的烤箱约烤3分钟至金黄时取出，用薄荷叶、香葱点缀即可。

特　点
　　色泽亮丽，奶香味浓郁，咸鲜软嫩。

养　生
　　土豆味甘性平，微寒，和中养胃，健脾益气，利湿，消炎解毒，用于消化性溃疡、大便秘结、湿疹、秃疮、火伤等症。值得注意的是，生芽变绿的土豆龙葵素增多，有毒，忌食。

96. 蟹粉扒素鲍配口袋竹荪红豆

原 料

主料：鲜灵芝菇；

配料：虾胶、蟹粉、红豆、芦笋；

调料：浓汤、盐、生粉水、葱油、姜末、黄酒。

制 作

1. 灵芝菇擦净，用做鲍汁的料（第二遍）煲24小时，取出后刻成鲍鱼状，再用老抽、蚝油煲，入味后取出放在盘里；

2. 竹荪挤干水分，酿入虾胶，蒸好后放在素鲍旁，红豆、芦笋飞水，放在素鲍旁；

3. 锅里放葱油、姜末、蟹黄，溅黄酒，放浓汤、盐，调好味，用生粉水勾芡，浇在竹荪、红豆、素鲍上即可。

特 点

色泽亮丽，勾人食欲，味鲜，素鲍形象逼真。

97. 鹅肉狮子头配炝拌海带丝

原 料

　　主料：遂宁鹅腿肉切丁；

　　配料：海带丝、白菜叶、水发虫草花、虾籽、猪肥膘丁、马蹄丁；

　　调料：盐、胡椒粉、葱姜水、料酒、干生粉、鸡蛋清、香菜末、干辣椒、花椒、东古酱油、米醋、葱油、香油、大葱、姜片。

制 作

　　1．鹅腿肉丁、猪肥膘丁加盐搅打上劲，放葱姜水、料酒、胡椒粉再搅上劲，放鸡蛋清再搅，最后放虾籽、马蹄丁和干生粉搅匀，放入冰箱1小时后取出，均挤成丸子，放在80℃的热水里，盆里放大葱、姜片、料酒，用白菜叶盖住鹅肉丸子，炖3小时；

　　2．海带丝飞水，控水，放在盆里，锅里放葱油、花椒炸香，放干辣椒稍炸，速用细滤把它们捞出，控油不要；往盆里放东古酱油、米醋香油、香菜末拌匀，盛在盘里，中间放鹅肉丸子，上放飞水的白菜叶和虫草花即可。

特 点

　　荤素搭配合理，口味和口感互补，鹅肉狮子头软嫩，入口即化，海带丝软嫩浓香。

养 生

　　鹅肉味甘性平，补虚益气，和胃止渴，滋阴清热。常言道："喝鹅汤，吃鹅肉，一年四季不咳嗽。"

※此菜是名厨委在2008年四川遂宁生态鹅肉展表演时的菜品。※

98. 香煎鹅肝配黑米饭

原 料

主料：切片鹅肝；

配料：热黑米饭、热胡萝卜、荆芥叶；

调料：东古酱油、米醋、盐、黄油、胡椒粉、香油。

制 作

1．锅里放黄油，开大火，放鹅肝片，撒盐、胡椒粉，溅白兰地酒，煎黄翻面煎，撒盐，煎至八成熟；

2．热黑米饭放在盘中的模具里压实，取走模具，放煎鹅肝、热胡萝卜，最后放香油、东古酱油、米醋拌匀的荆芥叶即可。

特 点

鹅肝香滑，软嫩咸鲜，几者搭配清爽利口，肥而不腻。

志福心得

因鹅肝肥腻，可配以下几种食材：一是黑米饭，它可吸收鹅肝的肥腻，又能增加纤维，使鹅吃到胃里快速蠕动；二是胡萝卜，它可以更好的促进维生素A的吸收；三是荆芥，它可使就餐使用鹅肝后，起到解腻、清口的作用。几者搭配相辅相成，酸碱平衡，清爽利口。

99. 酸辣虫草花豆腐丝

原　料
主料：盒豆腐；

配料：冬笋丝、竹荪丝、虫草花；

调料：盐、胡椒粉、清汤、生粉水、米醋、红花汁。

制　作
1．冬笋丝、竹荪丝飞水，盒豆腐切细丝，放在开水里（开水里放盐）；

2．锅里放清汤、竹荪、冬笋丝、盐、胡椒粉、米醋、红花汁，调成微酸微辣的汁，用生粉水勾芡；

3．豆腐丝用细滤过滤控水，猛一下地翻转细滤，扣在勾芡的汤锅里，用勺背在汤羹上旋转，让豆腐丝旋转漂浮上来，小火烧开，盛在炖盅里，上面放蒸好的虫草花即可。

特　点
色泽金黄，汤鲜味美，微酸微辣。

※此菜在2000年东方美厨黑匣子烹饪比赛中荣获第二名。※

100. 金钱豆腐萝卜燕

原 料

主料：白萝卜；

配料：盒豆腐、油菜心、枸杞子；

调料：清汤、盐、干生粉。

制 作

1. 盒豆腐用模具刻圆，刻成金钱状，飞水；

2. 白萝卜切成细丝，用水漂洗，控水，用毛巾洗干水分，拌薄薄的干生粉，蒸2分钟取出；

3. 锅里放清汤烧开，放萝卜丝，倒出控汁，放在碗里；

4. 清汤里放盐烧开，盛在萝卜丝里，放金钱豆腐，接着把整个碗放蒸箱蒸2分钟取出，放飞水的油菜心、枸杞子即可。

特 点

汤清鲜，萝卜丝软嫩，形同燕窝。

志福心得

此菜根据洛阳燕菜改良而来。

101. 鸡油菌蒸白玉豆腐

原 料

主料：白玉豆腐；

配料：云南鸡油菌、水发粉丝、去根的金针菇；

调料：盐、胡椒粉、香葱花、葱油。

制 作

1．白玉豆腐用模具制成型，去根的金针菇、粉丝飞水过凉；

2．鸡油菌剁碎，加盐、胡椒粉拌匀；

3．去根的金针菇、粉丝加盐、胡椒粉拌匀，放在盘里，豆腐放在粉丝上，鸡油菌放在豆腐上，上蒸箱蒸4分钟后取出，上撒香葱花，浇热葱油即可。

特 点

豆腐软嫩咸鲜，鸡油菌味浓郁。

养 生

清人梁章钜在《浪迹丛谈》一书里写到明成祖微服出巡时，在一家小饭馆里吃到豆腐菠菜时称"金砖白玉板，红嘴绿鹦哥"，"金砖白玉板"指的就是豆腐。

102. 清汤海竹荪豆腐丸子

原料

主料：豆腐；

配料：干海竹荪、鲈鱼肉、油菜心；

调料：盐、清汤、姜末、马蹄丁、干生粉、鸡蛋清、葱油。

制作

1．干海竹荪用凉水泡，切段，加清汤、盐调味，盛进盅里，蒸15分钟；

2．豆腐切成小丁，飞水，过凉，挤水，加鲈鱼肉、姜末、鸡蛋清、葱油、盐、干生粉搅匀，倒出，加飞水的马蹄丁拌匀，挤成丸子入温水里，氽熟捞出，放在盅里，油菜飞水放在盅里即可。

特点

豆腐丸子软嫩咸鲜，海竹荪软嫩，海鲜味浓郁。

103. 香椿炒豆腐配卤水海带卷

原 料

主料：豆腐、卤海带卷；

配料：鲜香椿、鲜樱桃；

调料：盐、葱油、香油、胡椒粉。

制 作

1．豆腐切丁飞水，放在蒸锅里蒸5分钟，倒进漏勺控水，让其出水；

2．鲜香椿切末飞水；

3．锅里放葱油、豆腐、香椿炒，放盐、胡椒搅均匀，淋香油，装在模具里，放在盘的旁边；

4．卤海带卷切段，放蒸箱蒸热，放在香椿豆腐旁，樱桃点缀即可。

特 点

黑白分明，咸鲜适口。此菜是用普通的原料制出高品位的菜式来。

养 生

香椿味辛，性微寒，含钙在蔬菜中名列前茅，但因含草酸、亚硝酸，因此要飞水。它清热解毒，健脾理气，是春季上好的素菜。

海带味咸、甘，性寒滑，祛脂降压，镇咳平喘，消痰利水，软坚散结，对高血压、血管硬化、脂肪过多患者有一定的预防和治疗作用，可防止和治疗甲状腺肿大；海带提取物对肺癌、肠癌、胃癌细胞也有抑止作用。

志福心得

制作卤海带时，先干海带抖松，放蒸箱蒸30分钟后取出，用凉水漂洗净沙子，然后卷成卷，用竹签固定，放卤水里卤20分钟，捞出放凉。凉菜用时切段，上桌，浇卤水汁；热菜用时加热，放盘里，抽去牙签即可。其特点是：层次清晰，素中有荤味。

104. 石耳菠根炒鸡蛋配蒜泥槐花

原 料

主料：石耳、蒸好的槐花；

配料：菠菜根、柴鸡蛋；

调料：盐、胡椒粉、蒜泥、香油、葱油、姜末。

制 作

1．菠菜根去须洗净，一剥二飞水，石耳飞水，挤干水分；

2．锅里放葱油、姜末，把搅匀的鸡蛋倒入锅里，炒熟后放石耳菠菜翻均匀，放盐、胡椒粉调好味，淋香油，出锅装盘；

3．蒸槐花拌蒜泥、香油调匀，调好咸味，放在石耳旁即可。

特 点

清香软嫩，搭配合理，营养丰富，滋阴润燥，去肝火。

105. 原味木瓜汁竹燕窝

原　料

　　主料：木瓜；

　　配料：干竹燕窝；

　　调料：大葱、姜片、冰糖适量。

制　作

　　1. 木瓜洗净，削皮去籽，切块，放蒸箱蒸软，用机器打茸，用时蒸热盛在碗里；

　　2. 竹燕窝是竹林里菌类的干制食品，先挑去杂质，用开水泡软，冲洗掉泥沙，最少需要6次，洗完放在汤盆，放大葱、姜片、黄酒、冰糖蒸2个小时至软嫩取出，盛在木瓜汁上，用香菜尖点缀即可食用。

特　点

　　木瓜汁香甜，原汁原味，消食健胃，竹燕窝软嫩。

养　生

　　木瓜味甘性平，归脾、胃经，健胃消食，止痢，用于消化不良、胃痛、痢疾等症，尤善消肉食积滞。

106. 芹黄葛根粉

原 料

主料：葛根粉；

配料：芹菜心、香菜末、黄瓜丝、心里美萝卜丝、凉开水、香椿苗；

调料：米醋、东古酱油、干辣椒节、花椒、蒜茸辣椒酱。

制 作

1．葛根粉放在凉开水里浸7分钟，取出控汁；

2．芹菜心切丝，飞水，放在盆里，放香菜末、葛根粉、东古酱油、米醋；

3．锅里放葱油，花椒炸黑，速放干辣椒节炸至糊香，倒进盆上的细滤里；

4．干辣椒、花椒倒掉不要，拌匀盛在盘里，旁边放黄瓜丝、心里美萝卜丝、蒜茸辣椒酱，最后撒香椿苗即可。

特 点

葛根粉软韧，有嚼头，咸鲜，微酸微辣，糊香味浓郁。

志福心得

葛根粉产于江苏，是一种中药材，安神止烦，清热去火。食用时，用凉开水泡7分钟，捞出控水，再放30分钟让硬心回软，用时可拌，也可蒸后再拌或炒制。

107. 兰豆丝羊栖菜

原　料

主料：制熟羊栖菜；

配料：荷兰豆；

调料：盐。

制　作

1．荷兰豆切丝，飞水，用盐炒后放在盘里垫底；

2．锅里放油，放羊栖菜，翻炒均匀，放在兰豆丝上即可。

特　点

色泽清爽淡雅，兰豆丝鲜咸利口。

养　生

羊栖菜是一种藻类，能软化血管，防止人体尿酸过高。

108. 清汤扒三耳

原　料

主料：云耳、黄耳、银耳；

调料：清汤、盐、枸杞粉、大葱、姜片、生粉水。

制　作

1. 云耳、黄耳、银耳泡发后择洗干净，分别飞水，用清汤分别放大葱、姜片蒸几分钟后取出，挑去葱、姜片，控汁，装在盘里；

2. 往控出的汁里加盐，调好味，用生粉水勾芡，浇在三耳上，上面撒枸杞粉即可。

特　点

色泽淡雅，口味清鲜，质感软嫩。

养　生

云耳有减低人体血凝固的作用，并可清理消化道；银耳对肺热肺燥、痰中带血有辅助治疗作用。黄耳可调理因胃阴不足而引起的咽干口燥，大便秘结。

109. 金瓜椰汁炖银燕

原　料

　　主料：水发银耳；

　　配料：金瓜、枸杞子；

　　调料：冰糖、椰汁。

制　作

　　1. 金瓜洗净，掏空，放蒸箱蒸熟后取出；

　　2. 银耳洗净，挑大朵的切成细丝，放蒸箱蒸至软嫩后取出，用椰汁、冰糖调好味，盛在金瓜盅里，上面放枸杞子、豌豆荚点缀即可。

特　点

　　形象逼真，微甜，椰汁味浓郁。

养　生

　　银耳又称白木耳，因为其依附木体而生，色白，状如人耳，故名银耳。银耳是一种食用菌，被人称为菌中之冠，具有很好的滋补作用。人们评价银耳：有麦冬之润而无其寒，有玉竹之甘而无其腻，诚润肺滋阴之佳品。尤其适于阴虚火旺患者食用。

　　银耳能促进蛋白质和核酸在体内合成，也能提高机体的免疫功能，提升白细胞，抑制肿瘤。肿瘤病人放疗或化疗后所致的白细胞减少，食用银耳有一定作用。

110. 菊花萝卜

原 料

主料：白萝卜；

配料：松茸菌；

调料：清汤、盐。

制 作

1．白萝卜洗净，修成四方块，用刀切片（底连），再在片上切丝（底连），成菊花状，用水稍泡，飞水，过凉、挤去水分，放入炖盅；

2．清汤加盐调味，盛在萝卜菊上，边上放松茸片，蒸15分钟至软嫩即可。

特 点

形似菊花，口感软嫩，汤清鲜。

养 生

萝卜味辛甘，性凉。冬季食用，健脾消食，化痰定喘，吞酸化积。常言道："上床萝卜下床姜，不劳医生开药方。""冬吃萝卜夏吃姜，小病小灾一扫光。"

志福心得

如果担心容易切断或留的底太厚，可用两根牙签放在两边，这样切又快又好，不至于切断，找到感觉后就可以不用牙签了。

111. 官园一品炒茄缯

原 料

主料：茄丁；

配料：杏鲍丁、青红彩椒丁、泡好的葡萄干、炸杏仁片；

调料：蚝油、锦珍老抽、东古酱油、黄酒、二汤、番茄沙司、生粉水、蒜末、葱油。

制 作

1．锅里放油，烧至沸腾，把杏鲍丁、茄丁放进锅里炸，快出锅时放青红彩椒丁，拉油，倒出控油；

2．锅里留余油，放蒜末煸香，放番茄沙司、蚝油、锦珍老抽、东古酱油、黄酒煸香，放二汤调好味，放葡萄干、炸好的杏鲍丁、茄丁，用生粉水勾芡，盛在盘里，上撒炸过的杏仁片即可。

特 点

色泽棕红，咸鲜，微甜微酸，营养丰富，诱人食欲，常吃可祛老年斑。

养 生

茄子味甘性凉，归脾、胃、大肠经，清热解毒，活血消肿，是心血管病人的食疗佳品；特别对动脉硬化症、高血压、冠心病和咯血、紫癜及坏血症患者来说，食之非常有益，起到辅助治疗的作用；常吃茄子，可防高血压所致的脑出血、糖尿病所致的视网膜出血，对急性出血性肾炎等也有一定疗效。

112. 松仁南瓜酪

原 料

主料：南瓜；

配料：牛奶、炸松仁；

调料：卡夫奇妙酱。

制 作

1．南瓜去皮、籽，切片，蒸30分钟至软，用机器打茸，加牛奶调成稀稠合适，盛在碗里；

2．卡夫奇妙酱加点牛奶搅至稀稠合适，装在裱花袋里，在南瓜汁的碗里挤圈，然后用牙签划成蜘蛛网状，上放炸松仁即可。

特 点

金瓜香甜，形状美丽，夏天可放冰箱当凉食，冬天可吃热食。

养 生

南瓜味甘性温，归脾、胃经，补中益气，解毒杀虫，降低血糖。

113. 一品东古烧萝卜配炸蜂蛹

原 料

主料：蜂蛹；

配料：白萝卜；

调料：东古酱油、盐、大料、花椒、葱油、干生粉。

制 作

1. 白萝卜削皮，切成滚刀块，飞水；

2. 锅里放葱油、花椒炸香，捞出不要，放大料炸出香味，把白萝卜、东古酱油、盐倒进砂锅，小火焖烧约15分钟至软嫩，收汁出锅装盘；

3. 蜂蛹控水，撒少许盐和干生粉，放油锅炸至微黄焦脆，捞出控油，放在萝卜旁即可。

特 点

白萝卜色泽金黄，软嫩咸鲜，回味浓香；蜂蛹色泽焦黄，酥脆。

养 生

蜂蛹是蜜蜂还没出生的幼虫。小时候在农村，有一年秋天我大病后，身体有点虚弱，母亲和哥哥找到一个大蜂巢，足有脸盆那么大，找到后用火熏一下，等蜜蜂跑了，用长棍捣下蜂巢，捡起马上跑开。回家后，母亲挑出蜂蛹，拌一点面，撒点盐，锅里放点油，轻轻煎熟，给我吃，我的身体竟很快恢复了。从厨以后才知道，蜂蛹是一种很好的营养补品，高蛋白、低脂肪，具有增强体质、补肾阳、增强人体免疫的功效。

114. 蟹粉扒娃娃菜

原 料

主料：娃娃菜；

配料：拆蟹肉、蟹黄；

调料：姜末、黄酒、浓汤、盐、胡椒粉、生粉水、葱油。

制 作

1．娃娃菜去外帮留心，一切二飞水，过凉，挤去水分；

2．锅里放葱油、姜末煸香，放拆蟹肉、蟹黄煸，溅黄酒，放浓汤、胡椒粉、盐、娃娃菜，烧至软嫩，用生粉水勾芡，盛在盘里即可。

特 点

娃娃菜软嫩，色泽金黄，咸鲜浓香，蟹味浓郁。

养 生

娃娃菜是大白菜培育的新型品种，一年四季皆有，在西安半坡村曾出土距今有六千年以上的白菜籽。苏东坡曾写道 "白菘类羔豚"（ 白菘即大白菜）。南宋诗人范成大也赞道："拔雪挑来塌地菘，味如蜜藕更肥浓。"白菜味甘性，微酸，食之润肤肌，补五脏，且能降气，清音声。

115. 红花汁扒冬瓜杏仁片

原 料

主料：冬瓜；

配料：炸杏仁片；

调料：盐、浓汤、红花、枸杞粉、浓葱油、生粉水、大葱、姜片。

制 作

1．冬瓜切四方块，去皮，心里面剞花刀至2/3处，放进浓汤，加大葱、姜片、盐，煨至软糯，捞出控汁；

2．锅里放浓汤、盐、浓葱油、红花汁调好味，用生粉水勾芡，浇在冬瓜上，上撒枸杞粉，旁边撒炸杏仁片即可。

特 点

色泽金黄，咸鲜浓香，冬瓜软糯。

养 生

冬瓜味甘淡，性凉，归肺、肠、膀胱经，利水消肿，清热解毒，下气消痰，因含钠盐较低，对于肾炎水肿、肥胖有一定的改善作用，并可解暑疗痱子。

116. 清汤冬瓜燕

原 料

主料：冬瓜；

配料：枸杞子，香菜叶；

调料：清汤、盐、干生粉。

制 作

1．冬瓜洗净、去皮，切片后再切成细丝，用清水稍漂，控水，用毛巾吸干水分；

2．冬瓜丝用干生粉拌匀（薄薄的一层不要太厚），蒸2分钟后取出；

3．锅里放清汤，放冬瓜丝抖散，放盐调好味，盛在玻璃碗里，上放枸杞子、香菜叶即可。

特 点

形同燕窝，汤鲜味美，冬瓜丝软嫩。

志福心得

用薄冬瓜片拍粉，然后氽水，再切丝也可以。

117. 金瓜米粥阿拉斯加蟹

原　料

　　主料：阿拉斯加蟹；

　　配料：竹荪、金瓜茸、小米粥、小油菜；

　　调料：浓汤、盐、胡椒粉、姜末、香油。

制　作

　　1. 竹荪切段，飞水，阿拉斯加蟹抽筋，切四段，蒸热放炖盅；

　　2. 锅里放浓汤、竹荪、小米粥、金瓜茸，放盐、胡椒粉、姜末调好味，烧开淋香油，盛在炖盅里，上放飞水过的小油菜即可。

特　点

　　色泽金黄，口味咸鲜微甜，蟹肉软嫩。

养　生

　　小米又叫粟米，味甘、微咸，性凉，补脾益胃，滋阴祛热。小米镇静又安神，除湿健脾肠胃安；晚上睡个安稳觉，大便不稀又不干。

志福心得

　　蟹肉一定要抽筋。

附录：饮食养生知识

（一）口味歌

安徽甜，河北咸，福建浙江咸又甜；
宁夏河南陕青甘，又辣又甜外加咸；
山西醋，山东盐，东北三省咸带酸；
黔赣两湖辣子蒜，又麻又辣数四川；
广东鲜，江苏淡，少数民族不一般；
因人而异多实践，巧调百味如人愿。

（二）食物金字塔

健康的体魄是我们最大的财富，因而维护和保持我们在体质、精神和其他方面的健康和良好状态，是现代家庭营养的重要内容。

4—4—3—3制（食物金字塔简称）

即每天应吃各类食物的份额为：400克粮食（40克豆）；400克蔬菜；300克动物性食物（其中肉、蛋类、鱼类及奶类各占1/3）和30克油脂。

（三）现代饮食营养时尚原则

照"平衡膳食"（金字塔膳食）的构成内容，以"五谷为养，五果为助，五畜为益，五菜为充"的理念为基础，在饮食安排中，要做到"五低，二高，一为主"。

五 低

1. **低盐**：长期食用含盐浓度高的食品，可导致高血压、脑出血、心脏病、肾脏病、胃炎、胃溃疡、胃癌等病的发生。因食盐的渗透压高，对胃粘膜会造成直接损害，使胃黏膜发生广泛性弥漫性充血、水肿、糜烂、溃疡、坏死和出血等一系列病理改变。高盐食物还能使胃酸分泌减少，增加肾血流量和肾小球的过滤率，而加速肾脏病人的肾功能减退。

因此应食用低盐饮食，成人每日食盐要少于8克，老年人少于6克。

2. **低糖**：人体的能量除了部分来自脂肪和蛋白质，其余70%来自糖。但是，食糖过多，会刺激肠黏膜，加重肝脏负担，引起腹泻、腹胀，体内容易缺少硫氨素等，能引起酸性体质，免疫功能下降。日本某著名杂志曾指出："糖多对胃黏膜的刺激大，使胃酸分泌过剩，成为胃酸过多症，引发胃溃疡。而癌细胞的生活能源，主要依靠糖。"

因此，食糖对人体有益，但不可过多。成人每日每人不宜超过50克，儿童不宜超20克。随着生活质量的提高，代之的将是蜂蜜、木糖醇、果糖等对人体无大害，而又富于营养的甜食。

3. **低脂**：脂肪是产生热量很高的一种能源物质。同时，它对维持体温、保护器官等方面都有很重要的作用。但是脂肪摄入过多，会引发肥胖、动脉粥样硬化

（高血压）、冠心病、心肌梗死、脑血栓形成和脑出血等病症。

为了预防高血脂的发生，应食用低脂食物为宜，成人每人每天在40克以内。

4. 低动物蛋白：蛋白质是生命物质的基础。蛋白质的来源有动物蛋白和植物蛋白两类。动物蛋白在人体内有80%可被吸收利用，但是动物性食品中胆固醇含量高。人的血液中胆固醇水平过高的话，会导致动脉粥样硬化，从而引起冠心病的发生。人体摄入过多动物蛋白质，还会增加肝脏，肾病患者的负担，造成体内代谢生成的胺和酮超标，使机体中毒，导致衰老。

因此，成人每天约需80克蛋白质，其中动物蛋白质应控制在40%以内。

5. 低热量：食物中的营养素经过体内氧化过程，能产生热量的有糖类（碳水化合物）、脂肪和蛋白质，这三类营养素是供热营养素，是维持基础代谢所需要的热量，是从事学习及生活所需要。热量不足可使人免疫功能大幅度降低。热量多余（过剩）均在人体内转化成脂肪，从而使人肥胖。肥胖可造成人体多种代谢性疾病。如糖尿病、高血冠心病、动脉硬化、脂肪肝、痛风症等。

成人正常体重的简易衡量公式：

女性正常体重（千克）=【身高（厘米）-100】±10%

男性正常体重（千克）=【身高（厘米）-105】±10%

当体重超出正常体重10%~20%，视为体重过重，超过20%，视为肥胖。反之，体重低于正常体重10%~20%者为偏瘦，低于20%为清瘦。

二 高

1. 高维生素：维生素在维持身体正常生长及调节机体生理机能方面，如增强抵抗力，起着十分重要的作用。一旦缺乏了它，就会产生许多疾病。

2. 高纤维：食物纤维是植物性食物中不能被人体消化的物质，它本身并没有什么营养，但是它能使食物在肠道内吸收水分，使粪便体积增大，并刺激肠道蠕动，使粪便很快地排出体外，减少粪便中的有害的致癌物质对肠壁的损害，起到预防大肠癌的作用。它还能缓解人体对糖的吸收，减轻糖尿病。膳食纤维中的木质素可增强巨噬细胞对病菌的吞噬能力，提高机体的抗病菌能力。

一为主

食物应该追求多样化，但主要以谷类为主，如：大麦、小麦、玉米、燕麦、大米、小米、面粉、荞麦和高粱等。

自然界与人体的五行分类简表：

自然界					五行	人体				
五味	五色	五气	五方	五季		五脏	六腑	五官	形体	情绪
酸	青	风	东	春	木	肝	胆	目	筋	怒
苦	赤	暑	南	夏	火	心	小肠	舌	脉	喜
甘	黄	湿	中	长夏	土	脾	胃	口	肉	思
辛	白	燥	西	秋	金	肺	大肠	鼻	皮毛	悲
咸	黑	寒	北	冬	水	肾	膀胱	耳	骨	恐

（四）舌的各部分所对应的脏腑及味觉

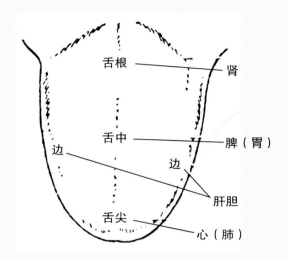

舌的各部分所对应的脏腑和对味觉灵敏度的不同

肾： 对苦味的感觉最敏感；恐伤肾

脾（胃）： 对辣味的感觉最为敏感；思伤脾

肝胆： 对酸味的感觉最灵敏；怒伤肝

心（肺）： 对咸和甜的感觉最灵敏；喜伤心、悲伤肺

口味泄密，健康秘密

《黄帝内经》中提到："心欲苦，肺欲酸，脾欲甘，肾欲咸，此五味之所合也"。喜欢哪一种口味，这是身体自我调节的表现和信号。

喜甜可能是脾气虚弱；喜辣可能是肺气不足；

喜苦可能是心火太旺；喜酸则是肝血不足。

比如孕妇爱吃酸，因她的血都去养胎了，造成自身的肝血不足。

（五）食物的四气、五味

四气：不同药膳，具有寒、热、温、凉等不同性质。古人治病的原则是"寒者热之；热者寒之"。

五味：酸、苦、甘、辛、咸。

辛甘发散为阳，酸苦泄泻为阴，咸味能泄为阳，淡味泄泻为阴。

辛味具有宣散润燥行气血的作用，如对气血阴滞、肾燥等病，可选用葱白粥、姜糖饮、萝卜饮等药膳。

甘味具有补益、和中、缓急的作用，如对脾胃气虚、胃阳不足等病，可选用红枣粥、糯米红糖粥等药膳。

酸味具有收敛、固涩的作用，如对气虚、阳虚不摄而致的多汗症、泄泻不止、尿频、遗精等病，可选用五味饮、乌梅粥等药膳。

苦味具有泄、燥、坚的作用，如有热证、湿证、气逆等病，可选用凉拌苦瓜、苦瓜粥等药膳。

咸味具有软坚、散结、泻下等作用，如对热结、淋巴病等症，可选用猪肾、黄芪蒸乳鸽、龙马童子鸡等药膳。

（六）四季饮食营养原则

春季饮食原则

春季相对应的脏腑是肝，位于右肋，功能是疏泄和藏血。相对应的五行是木，特点是伸展，易动，主气是风。在春季，人体各部分生理机能要进行相适应的收缩和调整，以达到减少热量消耗，保障机体战胜严寒气候所需的热量及营养供应。人体在气温迅速回升的春季，各部门生理机能和代谢率势必相应加强，体内生物韵律也较冬季加快。因此，春季养生除衣着上注意防寒保暖，随气候变化随时增减衣服外，在饮食上必须掌握春令之气升发舒畅的特点，以合理安排饮食。

减酸增甘，扶脾养阳

春季宜多吃能温补阳气的食物。蒜、韭菜是养阳的佳蔬良药，尤其是韭菜，以春天食用为最好。此外，春季宜少食酸，多食甜。唐代著名医学家孙思邈说："春日宜省酸增甘，以养脾气。"大枣性平味甘，宜于春季食用，它是滋养血脉、强健脾胃的佳品。春季不宜饮酒过多，否则易伤脾胃，影响消化。

春季是万物生长的季节，这种自然之气利于肝脏充分发挥其藏血和疏导的生理机能。"春不食肝"，对于肝脾无病的人最好不要在春季食肝，否则会因肝气过旺，造成脾胃功能更加衰退。但对心、肺、肾等脏器有病的人来说，尤其在肝虚之时，则春季仍可食肝，但要辨别肝脏的寒热属性。凡病属偏寒者，宜选猪肝、鸡肝（性偏温）；凡病属偏热者，宜食牛、羊肝。若与其他食品或药物配伍食用，则应视配伍食品的寒热性，辨证选用。

春困宜多食蔬菜，忌油腻寒凉之品

每到春季，人总是频频打呵欠，似乎总是睡不醒，这就是我们常说的"春困"。春困不是病，只是人体机能暂时下降的一种生理现象。每逢冬去春来时节，尽管风和日丽，春光明媚，人们仍感到疲乏无力、精神不振。

春困的主要原因是春暖花开，人体毛孔开放，汗腺分泌活跃，皮肤血流量增加，大脑血液相对供应减少，从而影响大脑兴奋，表现出精神不振和困倦。春困的原因不是缺少睡眠，因而增加睡眠无济于事。多睡眠反而会抑制大脑的兴奋，使人更加无精打采。克服春困的办法，首先要克服心理惰性，尽量早起床，主动去户外活动，使自己在生理上去适应季节的变化，也就是遵守春季的养生原则："早卧早起，广步于庭。"同时还要注意适当的休息。饮食不当会加重春困。因此在春季，葱姜不宜多吃，黄绿色蔬菜宜多食。寒凉、油腻、发黏之品易伤脾胃，更不宜进食（易损坏脾阳应少食），更不宜食大热、大辛之食，如参、附子等。亦不可过食甘味（可以多吃含自然糖分的食物）使脾土受克而损脾气。过多食酸可引起胃酸分泌障碍，影响消化吸收。现代营养学认为，缺乏维生素B，且饮食过量（过饱）是引起"春困"的主要原因之一。在春季提倡多食含维生素B较多的食物和新鲜蔬菜，故要常吃黄绿色蔬菜。

春季气候干燥，阳气升发，易患出血症，维生素C对防止出血有很大的作用，必须及时供应。补充维生素C，方法之一是服维生素C片，其二是尽量多吃些含维生素的蔬菜和水果。如柑橘、苹果、西红柿、萝卜、韭菜、荠菜、香椿及其他时令蔬菜等。

多吃粗粮、杂粮，给人体补充些矿物质、纤维素、维生素、有机化合物。

多吃富含钙的食物，如芝麻、黄花菜、萝卜、胡萝卜、海带、裙带菜、鱼、虾皮等，再就是排骨汤、骨头汤或鱼汤。

多吃富含植物性脂肪的食物（人脑50%～80%是不饱和脂肪，它来自于植物性食物，能增加大脑的容量、记忆力），如植物油、花生米、核桃仁、松子、葵花子、瓜子、黄豆。

夏季饮食原则

夏季相对应的脏腑是心，心位于胸中，功能主血脉和主神。相对应的五行是火，特点是阳热，上炎，主气是暑。

长夏相对应的脏腑是脾（胃），位于中焦，功能主运化，升清和统摄血液。相对应的五行是土，特点是长养，变化，主气是湿。

夏季阳气亢盛，人的食欲降低，脾胃消化力弱。为了增强食欲，弥补机体的消耗，饮食安全卫生是人们安然度过夏天的关键。

夏季饮食宜清淡、清凉、清补

清淡：暑热天气，人们普遍出汗较多，因而盐分失去也多。血液中的氯离子相应减少，胃酸浓度也随之降低。于是胃肠蠕动减弱而引起食欲减退。此时，饮食应清淡，多吃绿豆、豆腐、南瓜、苦瓜、西红柿、西瓜等含热量少而富含维生素的食物，以健脾开胃、消暑化津、增进食欲，使人体适应炎热气候的自我调节。不要吃难以消化、过于肥腻及辛辣刺激的食物，以免加重胃肠负担。

清凉：夏季炎热，为防暑降温，还应多吃些清凉祛暑的食品，如丝瓜、黄瓜、苦瓜、绿豆、山楂、薏米、西红柿等。这些食品不但营养丰富，还含有多种维生素和微量元素，能止渴利尿、祛毒散热、开胃，是夏季优良防暑降温食品，有条件可多食。

清补：夏季人体新陈代谢旺盛，各种蛋白质、维生素消耗大，体内盐分排出增多，人体内常常处于蛋白质缺乏状态。所以，夏令饮食在清淡的基础上，还应重视清补，应有意识地多吃些酱肉类、咸蛋类、水晶类、白斩鸡、食用菌类（香菇、平蘑、银耳等）、百合等富含蛋白质的清补食品。这类食品不腻胃口，是首选对象。中老年人及体质虚弱者，食用甲鱼汤、莲子汤等清补食品可起到夏令保健作用。此外，调味应稍咸些以补充因出汗而丧去的盐水。

此外，夏季饮食应不断变换花样，主食宜杂，菜类宜鲜，要讲究些色香味，烹调以清炒、清炖、清蒸、凉拌、炝为宜。如清凉汤的制作：党参、薏米仁、莲子、百合、银耳、玉竹、南沙参、淮山药、芡实、枸杞子、蜜枣冰糖各50克炖。党参益气；薏米仁健脾利湿；莲子、百合养心阴；银耳、玉竹、南沙参润肺燥；淮山药、芡实、枸杞子滋脾肾之阴；蜜枣、冰糖调和诸药。可以清热解暑，补脾益肾，凉润心肺，增强体质，而且味道可口宜人。

夏季谨防病从口入

夏季气温较高，食物容易酸败变质。因此，若不注意饮食卫生，会造成病从口入，危害身体健康。

烹饪前应检查原料是否变质，特别是鱼、虾、蟹肉、蛋、奶等高蛋白质食品容易变质。

食物应烧透煮熟，如扁豆。

食物不宜存时间过长。

生熟食品应分开存放，器皿应分开使用。

水产品不宜生吃，凉拌菜应清洗干净。

吃剩的菜肴应加热煮沸。

过食冷饮，危害健康。因过食冷饮使胃肠内经常被冷饮占满，而妨碍了正常食物的消化吸收；还可能由于胃肠道局部受冷刺激而使之蠕动加快，运动功能失调。

夏季饮食可适当先食用具有酸味、辛辣、辛香的食物，以增强食欲。多辛温，苦寒适量，节冷饮。多食辛辣味食物以养肺气，以免心火过旺而制约肺气的宣发。苦寒适量可避免伤心阳。

秋季饮食原则

秋季相对应的脏腑是肺，位于胸中，上通喉咙，功能主气。相对应的五行是金，特点是清肃，收敛，主气是燥。

秋季即农历七、八、九月，按节气算则从立秋到立冬的前一天为止，即农历八月十五日作为气候转化的分界。

秋季，天高气爽，祖国医学认为燥是秋季的主气，而人的肺脏喜欢清肃德润，秋燥之气，最容易伤肺，所以饮食调养宜以生津养阴之品为主，以此滋润脏腑。

饮食调养可防秋燥

秋天，气候干燥，如调养不当，人体往往容易发生口干、咽痛、鼻燥、皮肤干涩等。故此时调养应以清淡为宜，适量多饮开水、淡茶水、豆浆、牛奶等饮料，还应多吃些萝卜、豆腐、银耳、梨、柿子、香蕉等，这些食物具有润肺生津、养阴润燥之功效。不吃或少吃干辛燥的食品，不饮或少饮酒，平时也可以用菊花、麦冬、竹心等煎水服，对预防秋燥有一定的作用。

秋凉进补宜先调理脾胃

秋季是阴气开始上升、阳气开始下降的过渡性季节，故谓之"天气以急"。一般来说，人的阳气不足，可借助于夏天阳热之气来温养，阴精不足则可借秋冬之气来涵养。而且深秋季节人体精气开始封藏，进食滋补食品容易被机体消化、吸收、藏纳，有利于改善脏器的功能，增强人体素质。所以秋凉季节适当进补是调节和恢复人体各脏器机能的最佳方法。此时应多吃些香蕉、菠萝、梨、龙眼、葡萄等。

冬季饮食原则

冬季相对应的脏腑是肾，位于腰部，故称"腰为肾之府"，其功能是藏精，主生长，发育与生殖，主水，主纳气。相对应的五行是水，特点是寒润，下行；主气是寒。

冬季气候寒冷，而寒冷对人体的影响是多方面的。首先可使某些激素，如甲状腺素、肾上腺素、去甲肾上腺素等分泌增多，从而促进和加速碳水化合物、脂肪、蛋白质等三大营养素的分解，尤其是蛋白质的加速分解，易使人出现负氮平衡，因而需要更多的热量来维持机体活动的需要。其次寒冷可影响人体的消化系统，使胃液分泌增多，胃的排空减慢，食物在胃内停留时间延长，食欲比较好，吃进去的食物消化吸收得也比较好。第三，寒冷可影响人体的泌尿系统，使尿量增加，排出的无机盐，如钠、钾、钙等也相应增多。第四，冬季气候干燥，人的皮肤易出现干燥裂口或发生唇炎、口角炎等。这些变化都需要相应的营养素进行补充和预防。因此，冬季的饮食应适当增加厚味辛热之品。

多补充热源物，如羊肉、猪肉、辣的食物等。

多补充富含蛋氨酸的食物。

蛋氨酸通过转移作用，可提供一系列适应耐寒所必需的甲基。因此多食用含有甲基的食物，如芝麻、葵花子、酵母、乳制品、叶类蔬菜等。

适量补充无机盐。

医学研究表明，人怕冷与饮食中无机盐缺少有关系。因此应适量食用含无机盐多的根茎食物，如胡萝卜、土豆、百合、山芋、藕、大白菜等。

多吃富含维生素B_2、A 、C的食物。

冬天容易得口角炎、唇炎、舌炎等疾病，这跟缺少维生素B_2（核黄素）有关，因此，要食用富含维生素B_2的食物，如肝脏、鸡蛋、牛奶、豆类等。

饮食宜趁热而食，进补因人而异。

总之，四季饮食营养应适当以春多甜、夏多苦、秋多酸、冬多辛为原则。

春季补阳健脾，宜省酸，增甘，以养脾气。因酸味入肝，多吃酸味可使肝气过旺而伤害脾胃之气。因此，要少酸，多甜，能补益人体的脾胃之气。食品有鸡、鸭、鱼、动物肝、花生、大枣、枸杞子、菊花、白芍、薄荷等。

夏季助阳益阴。夏天人体气血趋向体表，阳气盛而阴气弱。此时的膳食主导是以辛香之食来助阳，以酸甘清润来益阴，如苦瓜、苦菜、啤酒、咖啡、茶水、可可等，可清心除烦，醒脑提神，清淡祛暑，健脾利胃。

秋季防燥护阴。秋燥，能应于肺。因此，秋季应清热润燥，养阴润肺。选用食品的原则为少用或忌用燥热辛辣之物，多食性味平和之品，如芝麻、核桃、银耳、梨、蜂蜜、甘蔗、百合、甲鱼、杏仁、乌骨鸡、猪肺等。

冬季养心补肾。冬季应根据个人的体能特征，有针对性地补肾养心，切不可不管三七二十一地将补品一哄而上，过分的大补反而会伤害身体。中医认为，肾主一身之阳气，是生命活动的原动力，是生命的根本。一个人身体是否健康，与肾的生理功能有密切的关系。因此，冬季养生的首要是补肾护肾，可多吃些如木耳、芝麻、鸭肉、萝卜、核桃、牛肉、鳖、鱼、狗肉、羊肉、动物鞭等食物。冬天应早睡，适当地晚些起床。

作者小传

王志福，河南省上蔡县人，汉族，1977年7月出身于农民家庭，经济管理学本科毕业，1994年12月参加工作，1998年9月入党。年少时，刻苦学习，但是恰逢其父身体有病，这一病就是6年，不但花去了家里所有积蓄，还负债累累，只好辍学务工。16岁到北京铁道部京淮餐厅学厨，从此，开始了他的厨艺生涯。

早年，王志福曾师承铁道部淮扬菜名厨张乃霖、李建国（现铁道部机关服务中心主任），后又到北京最早粤菜酒店紫薇宾馆学习粤菜。1994年12月应征入伍，在总后物资油料部机关食堂当了一名炊事兵。入伍以来，以"干好炊事员工作，同样是报效祖国"为人生追求，以成为新时代的烹饪大师为奋斗目标，扎实立足平凡的炊事员岗位，砥砺高尚厨德，苦练烹饪技艺，执着进取，矢志不渝，取得了不平凡的成绩，在北京、全国和世界性烹饪大赛中，先后获得了10块金牌、6块银牌。为军队赢得了荣誉，王志福个人先后荣立二等功、三等功和优秀共产党员各一次。

王志福入伍后，一直在部队食堂炒大锅菜。他认为社会职业不应有高低贵贱之分，而应看个人的实际技能。饮食文化是中华文化的一个重要组成部分，烹饪是一种崇高的艺术，干好炊事员工作，同样是报效祖国，同样可以实现自己的梦想。对于他来说，就是要立志"做一名新时代的烹饪大师"。

为了实现心中理想，他利用业余时间学函授，跟着中国中医研究院高忠英教授、鼓楼中医院名医馆馆长陈文伯教授学中医、学餐饮管理，进烹饪管理大专班，先后参加了北京服务管理学校、中国科学院管理干部学院、北京应用技术大学、中央党校的函授或走读学习。他的刻苦好学打动了世界中华美食药膳研究会会长张文彦先生、北京服务管理学校主任李桂兰。在会长和李主任的介绍下，北京国际饭店特级烹饪大师赵国忠先生收王志福为徒。赵国忠大师研究并教授食雕艺术20余年，在烹饪界享有崇高声誉。当王志福得知自己将拜心目中高不可攀的名人为师时，激动得夜不能寐。拜师那天，师傅赵国忠竟然流泪了，因为疾病缠身的他早已不收徒弟了，今天因破例收下王志福而百感交集。同时，他又得到河南大厦的特邀顾问吕长海大师、大董烤鸭店总经理董振祥（特别要说的是王志福经常到大董烤鸭店学习，并得到大董亲自指导）、全聚德集团行政总厨（原王府井烤鸭店的副总经理）杨学智及李宝宏、人民大会堂的行政科长刘章利、晋阳饭店国宝级大师金永泉、峨嵋酒家的国宝级大师伍钰盛、丰泽园饭店国宝级大师王义均、马克西姆单春卫、上海锦江大酒店严惠琴、广东广州酒家的黄振华、世界药膳协会秘书长张文彦及中烹协的孟璐处长等多位大师手把手的指点、教导。

王志福为了心中的梦想，坚持如饥似渴地学习，除了必要的睡眠、吃饭时间外，几乎把所有的业余时间用在了学习上。从业至今他一直订阅了《东方美食》、《美食导报》、《中国食品报》、《中国烹饪》、《餐饮世界》、《中华美食》、《烹调知识》、《中华医药养生》、《健康时报》、《医药养生报》等杂志和报纸，购买了有关营养学、原料学、中医学、食疗知识、烹饪学等书籍上万册。除了工作，王志福每天都要阅读学习，遇到好的资料就摘抄记录，他摘抄记录的笔记达几十本。将近二十年来，他没有打过一次扑克，除了看新闻联播，很少看别的电视节目。初学雕刻，他去市场整麻袋地买萝卜，并在一个个萝卜上雕刻花鸟龙凤，手疼得伸不开，他咬牙忍受；雕刻瓜灯，他几乎不知疲倦，夜以继日。他酷爱鸽子，为了雕刻栩栩如生、展翅欲飞的鸽子，他特意买了6只鸽子观赏、临摹、雕刻……如今，他1分钟雕朵花，几刀刻只鸟，这一切都是几年的光阴和成袋成袋萝卜练就的功夫。为了比赛，他通宵达旦，因睡眠不足，鼓风灶给崩了，眉毛、眼睛、脸全烧了，看完烧伤后，继续睁一只眼闭一只眼地苦练。他还常常把自己的作品免费送给饭店、招待所，从而换取入厨房看做菜的资格。王志福的桂冠是他用那伤痕累累的双手编织的。还有一次，他在睡眠不足的情况下切面，一走神，切在手上，差点断筋。可他为了练习刀功，每天都要切大量猪通脊和牛肉。他说，流血对他来说是太小的事。正因为如此，他手拿菜刀才能游刃有余，运用自如，操作起来，整个身心拥有了一种潇洒与畅快。

为了检查自己的学习成果，提高技艺，近年来他报名参加了北京市和全国性的烹饪大赛，并被选送参加了世界烹饪大赛。

1999年6月，参加北京市第三届烹饪技术服务大赛，获个人赛热菜金牌，冷拼和雕刻银牌各一枚，此次比赛他是最年轻、获奖最多的一位选手。

1999年11月，参加全国第四届烹饪服务技术大赛，获个人赛热菜、冷拼银牌各一枚，冷拼《团凤》作品被《烹坛佳作》（第四届全国烹饪技术比赛，个人赛冷拼面点作品集）作为封面。

2000年3月，每四年举办一届的第三届世界中餐烹饪大赛在日本东京举行。正式参赛的选手有206名，他们分别来自中国、英国、德国、荷兰、加拿大、马来西亚、新加坡、日本等20多个国家和地区的42个代表团。王志福作为中国烹饪代表团的一员（全军第一个战士出国，是全军的先例），以一道"绣球鱼丝"技惊日本。他的绣球以胡萝卜精雕而成，细如火柴梗般的鱼丝被一个个红绣球紧紧围绕，用鱼肉泥、青椒拼就的寿桃洁白如玉地点缀在盘子四周，集冷拼、雕刻、烹炒为一体的"绣球鱼丝"一举夺得了水产类热菜的金牌。

2000年8月，参加首届东方美厨黑匣子大赛，其制作的豆腐丝和玉米鱼荣获第二名。

2000年11月，参加中国药膳精品交流赛，荣获第二名。

2001年11月，参加中国药膳精品交流赛，荣获金奖。

2002年10月，参加河南省第三届烹饪服务技术大赛，荣获热菜银奖，冷拼金奖第一名。

2002年10月，参加第二届中国药膳烹饪大赛，荣获热菜、冷拼、面点金奖，并被组委会颁发三项全能奖。

2003年，参加第二届东方美食国际大赛，分别荣获热菜、冷拼的特金奖；同年参加第五届烹饪技术大赛，荣获热菜金奖。

王志福虽然年轻，但在烹饪界已经有了一定的名气。国家劳动部职业技能鉴定中心给他颁发了中式烹调高级技师证书、中级面点师和高级雕刻师证书。

2000年5月，总后物资油料部举办了该同志"苦练烹饪技术，岗位学习标兵"的学习先进事迹报告会，并做出了向该同志学习的决定。

2001年1月，被中国人民解放军总后勤部评为首届十大杰出青年、自学成才标兵，并荣立二等功。《解放军报》、《人民日报》《中国食品报》、《中国烹饪》杂志、《烹饪时代》杂志、《东方美食》、中直机关内部《机关事务工作》杂志等多家媒体报道了他的先进事迹，介绍了他的获奖菜点。

2002年，被《中国当代杰出共产党员》（〈辉煌人生〉人物业绩卷）收录。

2002年10月，荣获河南省技术能手，河南省五一劳动奖章。

2002年12月，被《东方美食》评为2002年最瞩目的十大杰出青年厨师。

2004年2月，通过了北京烹饪协会实操考核和论文答辩，被授予北京烹饪大师称号。

2004年3月，在农业大学通过了药膳理论和实际操作的考核，被中国药膳协会评为中国药膳名师称号。

2004年9月，单位派他到广州空军培训基地进行全军军需烹饪专业技术兵职业技能鉴定考评员的培训，实操考核荣获第一名。

2004年12月，被中国烹饪协会评为优秀厨师。

2005年11月，被中国烹饪协会批准参加全国裁判员培训班培训。

2006年1月，被总后勤部评为自学成材三优士官。

2006年3月，总后勤部军需物资油料部与中烹协联合举办名师、大师考评，他被评为中国烹饪名师。

2006年7月，被全军评为先进个人。

王志福现为北京市烹饪协会会员、中国烹饪协会会员、中国药膳协会会员、河南烹饪协会理事。北京市崇文烹饪学校烹调讲师，意隆达培训学校烹调、雕刻讲师。

2000年8月，美国强生公司举行社区烹饪比赛，被中国烹饪协会聘为评委；

2003年12月20日，北京市中等职业学校烹饪专业教师"丰职杯"技能比赛，被北京烹饪协会聘为评委；

2004年7月23日，被新世纪海淀区首届职业技能大赛聘为复赛评委；

2004年9月24日，被中国（长垣）厨师之乡国际美食节暨河南省烹饪技能大赛聘为评委。

这十几年，他受总参、海军、武警、总装等的邀请到培训中心以及地方讲授烹调技术和雕刻技术，得到参加培训的学员一致好评。他为军队和地方培养了近500名学员，其中直接培养的有军委办公厅的葛建明荣获军办比赛第一名；总参装备部王海滨荣获总参比赛第一名，第五届全国比赛金奖并获得全国优秀厨师称号；总后京丰宾馆焦胜利荣获中直机关比赛第二名；北大的韩青山荣获北京跨世纪比赛第一名；铁道部的宁帅荣获第五届全国比赛冷拼金奖第一名、总决赛第二名及全国最佳厨师称号；中纪委的周斌、陈美霞等荣获第六届全国比赛金奖和银奖。由他率领指挥的第六届全国比赛总后勤部管理局京友饭店和青塔招待所代表队荣获团体金奖和团体银奖。

王志福擅长川菜、淮扬菜、粤菜、鲁菜、法国菜的制作。并广征博采、吸取精华、融会贯通、大胆改革传统佳肴，不断推出新菜品。他做菜选料严谨，刀工精细，注重本味，讲究火候。特别讲究运用烹饪原料的自然色彩及烹饪原料的产地（不同地方出产不同原料），不同的季节食不同菜肴，尽量不食或少食反季节原料，根据四季养生特点，春季肝火旺，去其肝火（如荠菜、蒲公英、榆钱、菠菜等），健其脾胃，多食含有甜味的食物（如大枣、山药、胡萝卜、红薯、土豆等）；夏季心火旺，湿气大，去其心火去其湿（如豇豆、冬瓜、藿香、茄子、绿豆等），多食苦味食物（如苦瓜、薏仁米、薄荷、苋菜等）；秋天肺火旺，去其肺火（荸荠、莲藕、木耳、百合等），燥气大去其燥（银耳、莲子、茭白、绿豆芽等）；冬天寒冷，要温补（羊肉、狗肉、黑豆等），但不可过，又因冬季活动少，要吃帮助消化食物（如萝卜、白菜、菠菜、红薯等）。

王志福还善于吊各种汤，如鲍汁、菌汤、鸡清汤、牛清汤、浓汤、奶油汤等，清汤鲜香如茶，浓汤浓香如奶。荣获金牌菜的有清汤凤吞燕、浓汤扒鹿唇、奶油蘑菇汁扒裙边、奶油芦笋汁佛跳墙等。善于制各种茸，如鱼虾茸、牛、羊、鸡、猪肉及豆腐茸等，咸鲜软嫩细滑。荣获金牌菜的有翡翠金钱鱼、绣球鱼丝、血燕鸡豆花、菌汤雪燕彩蝶汤。成菜个个大气，简洁明了，处处体现出他烹饪功底的深厚。

多少心血，多少坎坷，多少成功，多少喜悦，他已经与烹饪结下了不解之缘，将终生喜欢他的烹饪事业，永不言悔。他每天只要一上班，就满身来精神，敬业乐业，执著认真是他对工作的要求。他常以"手艺人"自居，做事低调不张扬，且常以"天外有天，人外有人"、"三人同行，必有我师"的古训告诫自己和下属。虚心求教，谦虚谨慎，多结识有志之士。他乐于助人，诲人不倦，凡有求于他者，很少推辞。有朋友推荐让他收几个徒弟，他婉言谢绝，他说"教他们可以，但是不能收，我还年轻，还有很多不懂、不知道的地方"。现在几个徒弟都是从学徒跟着他6年以上，有的甚至10年以上，在他的徒弟中有宁帅、王海滨、周斌、陈美霞、卫明、李文军都荣获金牌，都是各大部委的抢手人才。